아로마테라피

Aromatherapy

김문주 · 김윤정 · 전해정 · 최성임 · 황금순

청구문화사

머리말

PREFACE

국내에 피부미용이라는 분야가 소개된 지 약 30여년이 되었고 그 한 부분을 차지하고 있는 아로마테라피가 피부미용에 흡수된 지 10여년이 넘어가고 있다. 최근 건강하고 아름다운 삶을 영위하기 위한 사람들의 욕구가 커지면서 피부미용에 대한 관심이 날로 증가하고 있고 특히나 건강과 직결되어 있는 아로마테라피의 인기는 교과목인 학문을 넘어서 우리 일상 생활에 까지 깊숙이 관여하고 있는 상황이다.

민간요법으로 구전되던 하나의 전통 요법이 과학적으로 입증이 되고 학문적으로 체계화 되면서 당당히 피부관리의 한 분야를 차지하고 있을 뿐 만 아니라 최고의 인기 분야가 되어 많은 관심을 받고 있다.

이에 아로마테라피에 관련된 많은 책들이 있으나 이 책의 특징으로는 에션셜 오일의 개별적인 특성에 대해서 자세하게 언급하였고 화학적 구성 성분과 그 적용법에 대해서 구체적으로 설명하였다. 아로마테라피는 쉽게 접근할 수도 있으나 전문적으로 들어가면 복잡하거나 어려울 수 있는데 이런 부분을 보완하고자 쉬우면서도 전문성을 띈 교재로서 충실하려고 노력하였는데 여전히 부족한 거 같아 아쉬움이 남는다.

이 분야는 계속 발전하고 있고 앞으로는 좀 더 과학적 접근이 필요한 부분이기 때문에 끊임없는 수종, 보완을 통해 발전해야 할 것이라고 생각한다.

마지막으로 이 책이 나오기 까지 많은 수고를 하여 주신 여러 교수님들과 이 책의 출판에 물심 양면으로 도와주신 청구문화사 사장님과 임직원들에게도 감사의 마음을 전합니다.

저자일동

목 차

CONTENTS

7. 에센셜 오일 사용시 주의사항 • 61

제3장 … 주요 에센셜 오일 ········ 65

제 1 장

아로마테라피의 개요

제 1 장 아로마테라피의 개요

1. 아로마테라피(Aromatherapy)의 의미

아로마테라피(Aromatherapy)란 향 또는 향기를 의미하는 아로마(Aroma)와 요법(치료)을 의미하는 테라피(Therapy)의 합성어로 세계적으로 분포되어 있는 향을 가진 약용식물로부터 추출해낸 에센셜 오일(Essential oil)에서 나는 향을 말하며 이 향기 나는 에센셜 오일(Essential oil)을 이용하여 인체의 특정 부분의 질환 또는 정신적인 기능을 높이거나 낮추기 위하여 사용하는 행위를 아로마테라피(Aromatherapy)라 한다.

향기나는 식물에서 추출한 휘발성 물질을 사용하여 심신을 건강하게 하는 향기 요법인 아로마테라피는 향 또는 향기를 의미하는 "아로마(Aroma)"와 치료를 의미하는 "테라피(Therapy)"의 합성어로, 이는 각종 식물의 꽃, 줄기, 잎, 뿌리, 열매 등에서 추출한 향기 물질을 호흡기 또는 피부를 통해 체내에 흡수시킴으로써 몸과 마음을 건강하게 하는 대체요법의 하나이다.

대체요법이란 자연 요법이라고도 하는 것으로 인간이 태어날 때부터 가지는 자연 치유력을 이용하여 질병을 예방하고 건강한 신체로 회복시키는 것을 말한다. 대체요법의 종류에는 아로마테라피를 비롯하여 아유르베다, 색채요법, 추나요법, 반사요법 등이 있으며 세계 각 지역에서 민간 치유법으로 널리 쓰이고 있다. 이 중에서 아로마테라피는 향기 물질을 사용하는 것으로 후각 또는 피부를 통해 정신적, 신체적 치유 및 개선 효과를 가져오는 작용을 한다.

또한, 에센셜 오일은 향기가 주는 즐거움만큼이나 치료 효과나 노폐물 제거, 방부 효과, 기분을 좋게 해주는 특성 때문에 6,000년 이상 그 가치를 인정 받아왔다. 오늘날 이러한 특성은 우리가 현대 생활에서 잃어가고 있는 균형을 되찾기 위해 지나간 시대와 문명에서 지혜를 얻기 위해 재발견되고 있다. 스트레스, 오염, 무리한 다이어트 등의 많은 요인들이 우리의 몸과 마음에 해로운 영향을 미치는 현대에서 꽃, 열매, 잎, 껍질, 진액, 뿌리 등에서 추출된 에센셜 오일은 오늘날 음식, 화장품, 약품, 향수 같은 산업에서 사용되고 있으며 현재 아로마테라피는 치료의학 부분에서 그 응용범위가 확대될 것으로 기대된다.

2. 에센셜 오일

에센셜 오일(Essential oil)은 특정한 나무 또는 약용식물의 조직, 즉 세포의 도관이나 특수한 도선에서 분비되는 오일형태의 수액으로 독특한 향을 지니고 있는 허브 식물로부터 생성되며 꽃, 잎, 줄기, 열매, 뿌리 등에서 증류 또는 냉압축하여 얻어지는 휘발성 고농축 오일이다. 에센셜 오일(Essential oil)은 식물이 스스로의 생존과 영속을 위하여 만들어내는 "Essence"이며 휘발성(Volatile), 에테르(Ethereal)계 오일이다.

또한 에센셜 오일(Essential oil)은 그 성분이 다양하며 일정한 화학 구조로 구성되어 있으며 휘발성이 강하여, 우리가 한번 호흡할 때에 약 70억 개의 분자가 호흡 기재를 통해 출입된다.

일부 대체 요법 전문가에 의하면 에센셜 오일(Essential oil)로 추출된 것은 식물 자체보다도 75배나 강한 에너지를 가지고 있다고 한다.

에센셜 오일(Essential oil)의 생화학 성분을 좌우하는 환경적 요인들은 기후, 토양, 재배방법, 수확시기, 수확방법 등이다. 에센셜 오일(Essential oil)의 수확은 여러 가지 요인에 의해 차이를 나타내는데 수득률에 따라 가격이 형성되는 특징이 있다.

1) 아로마 식물의 특성

에센셜 오일의 품질을 좌우하는 생태학적인 요소인 토양, 기후, 화학 비료의 유무와 수확시기, 유전적 요소, 화학적 구조 타입, 식물이 자라는 고도에 의해 리나놀, 리날아세테이트 같은 화학성분 구조가 달라진다. 그러므로 사용하기 전에 반드시 제품의 학명, 원산지, 추출 부위, 추출방법 등과 희석 여부를 확인해야 한다.

(1) 순수한 품질

아로마 오일은 변형되지 않은 자연 그대로의 100%로 순수 자연 제품으로 어떠한 인공적이고 합성된 혼합물이 들어 있지 않으며 기타의 오일이 첨가되지 않은 순수한 식물성 오일이다.

(2) 재배와 수확 공정

아로마 식물들은 그들이 가진 향 재료를 아주 다양한 방법으로 생산하며 에센셜 오일(Essential oil) 로써 액체의 향유 형태로 저장된다.

또한 아로마 식물의 산지는 에센셜 오일(Essential oil)의 품질에 영향을 미치는데 높은 품질의 에센셜 오일(Essential oil)은 "고전적-청정지역"인 지역에서 나온다. 토양과 기후, 기상상태 변화 같은 입지 조건들은 향 물질이 만들어지는데 많은 영향을 미치며 많은 향 식물들은 햇빛이 많이 필요한 온난성 식물로 일조기간, 강수량, 산지의 높이가 꽃의 형성과 오일 함유를 결정한다.

수확 시점을 정확하게 맞추는 것은 성공적으로 증류를 하는데 있어서 아주 중요하다. 계절이 바뀜에 따라 오일이 생화학적인 변화를 하는데 이에 관해 알면 가장 적당한 수확시기를 알수 있다. 이와같은 시기를 "Tempo Balsamico"라고 하는데 바로 "에센셜 오일(Essential oil)의 시간, 에센셜 오일(Essential oil)의 수확시기"이라는 의미이다.

에센셜 오일(Essential oil)이 식물로부터 분해된 뒤 증기 혼합 형태로 위에 떠 있게 된 후에 매우 큰 냉각기 속에 넣어 냉각을 시켜야 한다. 가끔 오일들은 흔히 탄내가 나기도 하는데 이는 알람 비커에서 나온 물과 오일의 혼합물이 충분히 냉각되지 않았기 때문이다.

2) 에센셜 오일의 기능

식물이 가지고 있는 고유의 향 성분은 식물이 가진 생명 에너지, 영혼이라 할 수 있으며, 유색 무색의 기름결정체로 응고시킬 수 있다. 이러한 향 성분들은 물에 용해되지 않으며 알코올, 지방 등에 용해된다.

독특한 향기를 가진 약용 식물의 다양한 조직 부위, 즉 세포의 도관이나 특수한 도선에서 분비되는 에센셜 오일(Essential oil) 방울 안에는 식물이 태양으로부터 끌어들여 화학 공장에서 에너지를 만들어 내는 것과 같은 작용으로 태양 에너지를 담고 있다고 할 수 있다. 이 에센셜 오일(Essential oill)들은 식물의 특정 부위에 함유되고 그 작용과 가치는 각각 다르게 나타난다.

아로마테라피의 매력은 육체 뿐만 아니라 정신과 감정의 부분까지 다스릴 수 있다는데 있다. 우리가 좋은 꽃의 향기를 맡으면 기분이 상쾌해지며 레몬향기를 맡았을 때 머리가 맑아지고 집중력이 좋아지는 것을 느낄 수 있듯이, 식물에 존재하는 휘발성의 향기 물질은 두뇌와 신체 특정 기관을 자극하여 몸과 마음의 건강을 유지시켜 주는 특성이 있다. 즉, 인간이 본래 가지고 있는 "자연 치유력'을 자극하고 활성화시켜 질병의 예방 및 개선 효과를 나타낸다. 식물에 존재하는 휘발성 향기 물질을 아로마 오일(Aroma oil, 향유) 또는 식물의 생명 유지에 필수적인 물질이라고 생각해서 정유 즉 에센셜 오일(Essential oil)이라 하는데, 이는 식물체내에서 호르몬과 같은 작용을 하며 생리적 기능을 조절하고 정보를 전달하는 일을 맡고 있다. 즉, 식물의 각종 생화학적 반응을 촉매하고 해충으로부터 자신을 보호하기도 하며, 성장과 번식에도 중요한 역할을 담당한다.

또한, 사람의 감정이나 정서에 좋은 영향을 부여해 줄 뿐만 아니라 신경계, 내분비계 및 면역계에 영향을 미쳐 항상성을 유지 할 수 있도록 해준다. 따라서 각종 스트레스에 시달리고 있는 현대인들에게 자기 체질에 맞는 아로마테라피를 적용하게 되면 몸과 마음의 긴장을 풀고 피로를 회복하는데 큰 도움을 줄 수 있다. 이와 같이 식물의 향기 성분이 지니는 생리적 역할을 종합적으로 활용하여 우리의 정신적, 육체적 부조화를 개선하고 정상화시켜 주는 아로마테라피는 산업 사회의 복잡화와 다양화에 따른 현대인의 스트레스 등 장기간에 걸친 불규칙한 생활 습관에서 비롯되는 보이지 않는 질병의 예방과 치유에 효과가 뛰어난 대체요법의 하나로서 그 중요성이 점점 확대되고 있다.

3. 아로마테라피의 역사

1) 원시 시대

허브식물과 오일은 몇 천 년에 걸쳐 향료, 화장품, 요리, 의학적 용도로 사용되어 왔다. 종교 의식적 기능과도 서로 밀접하게 연관되어 사용되었는데 이러한 현상은 세계 여러 곳의 역사의 흔적을 찾을 수 있다.

원시시대에는 이미 허브의 즙을 이용하여 상처를 치유하거나 향기 나는 나뭇가지를 태워 향을 맡아 생활 속에서 이용하였으며, 악마를 물리치고 신과 교역하는 의식을 집행할 때도 향기 나는 나뭇가지를 태우는 등 아로마테라피의 흔적을 찾을 수 있다.

향료의 어원을 '연기를 통하여(Through smoke)'의 의미를 가진 라틴어인 퍼퓸(Perfumum)에서 유래된 바와 같이 아로마테라피는 훈증에서 시작되었다고 할 수 있다.

원시 시대에서의 향기는 기억을 일깨워 주고 향기의 자취는 우리로 하여금 과거로 거슬러 올라가서 인간 문화의 요람으로까지 인도한다고 믿었으며 향기는 이미 아주 옛날부터 인간의 상상력을 자극하고, 문화의 원천인 색깔, 음률과 함께 자연의 현상에 속하며, 모든 원시민족의 무당들은 태우거나 갈아서 만든 약초 향을 사용하여 특정한 효과를 얻고자 하였다.

그러므로 에센셜 오일의 사용 시초는 흔히 말하는 고대 시대에 거의 모든 원시민족들에게서 볼 수 있는데, 그들은 제사를 지내거나 또는 공동체적 운명의 결속력을 다질 때

제사 행위의 신비감과 엄숙함을 더하기 위해 태우거나 갈아서 만든 약초 향을 사용하였고, 자연습득적으로 또는 시행착오적인 경험을 바탕으로 특정 식물들의 뿌리, 열매, 꽃, 잎, 씨앗 등이 상처를 낫게 하거나 질병 치유에 도움을 준다는 사실을 알고 있었다.

또한 주술적인 용도로 향기가 있는 식물을 뿌리거나 태움으로써 얻어지는 다양한 효과를 알게 되었는데 인간 의식의 초기 형태 중 하나인 신과 인간과 영혼 사이의 관계에 있어서 향기 나는 식물은 신이 좋아할 만한 제물 이상의 역할을 했다.

제사를 집행하는 제사장은 몸과 마음을 청결히 하는 경건의 예식에 향기식물의 즙을 몸에 바르거나 뿌렸으며, 식물을 태워 향기를 하늘로 올려보냈다. 향은 신을 기쁘게 한다고 생각했으며, 영혼을 편안하게 한다고 여겼다. 즉 식물의 향기가 영혼뿐만 아니라 몸과 마음을 조절해 주는 작용을 하는 것으로 생각하였다.

아로마테라피의 역사를 살펴보면 멀리는 석기 시대나 청동기 시대와 같은 선사 시대 이전까지 거슬러 올라갈 수 있다. 이러한 사실은 당시에 그려진 벽화나 유물 등을 통해 추정이 가능하다. 고대인들은 자연 습득적 경험을 바탕으로 주변에 산재하고 있는 특정 식물들이 상처를 낫게 하거나 질병의 치유에 도움이 된다는 사실을 알게 되었다 또한 사람들은 질병에 걸렸을 때 병을 마귀가 가져다 준 것이라 생각하여 "병마"라고 했으며, 이 병마는 신비한 향기를 두려워한다고 믿어 질병을 치료하기 위해 향기가 나는 식물을 사용하였던 것이다. 따라서 전염병이 유행하는 지역에 마귀를 쫓아내기 위한 주술적인 용도로 향기가 있는 식물을 채집해 뿌리기도 했다.

2) 고대 인도, 중국, 이집트

아로마테라피의 기원은 모든 주요 문명의 종교적, 의학적, 사회적 실행을 통해 그 자취를 찾아 볼 수 있다.

약용 식물의 추출물은 5000여 년전 중국, 인도, 고대 이집트 등에서 사용되었고 인도에서는 B.C 3세기경 불교도의 왕 아쇼카(Ashoka)시대 때 조직화된 약용 식물의 경작이 이루어졌으며 점차 아시아로 전파되었다.

아유르베딕 텍스트(Ayurvedic text)에서는 수천 년 동안 인도의 학자들이 방향성분을 사용하여 마사지나 치료목적으로 사용되던 방법에 관해서 적고 있다. 사용된 오일들은 샌달우드(Sandalwood), 미르(Myrrh), 시나몬(Cinamon), 진저(Ginger) 등이며, 주로 종교행사용, 미라, 방부제, 화장품 등으로 사용되었으나 고대에서는 소수의 계층에 속하는 사람들(성직자 왕족, 귀족 계층)만이 향을 사용할 수 있었다.

기원전 2,000년경 인도의 가장 오래된 종교 서적 '베다'에는 700여종에 달하는 식물들에 대한 연구가 기록되어 있는데, 샌달우드, 미르, 시나몬, 진저 등이 의약품과 종교의식에 사용되었다고 언급되어 있다. 이러한 인도의 허브에 대한 지식은 현대까지 이어져 전통적 아율베딕 약학 방법으로 발전되었다.

또한 향유 기술은 서기 1,000년경 장미 오일을 추출해 낸 아라비아에서 꽃 피웠다. 아라비아는 이집트, 인도, 티벳, 중국에서 원료를 수입하여 국제적으로 그 생산품을 교역하는 세계 향수 생산의 중심지가 되었다.

인도의 향문화는 종교적으로 불교와 함께 발전하여 중국을 거쳐 우리나라에까지 전파되어 자리를 굳혀 오늘날에도 불교의 여러 의식에 필수품으로 사용되고 있는 것을 볼 수 있다.

중국에서는 기원전 4,000년경 향을 활용한 기록이 의서에 남아 있으며 약초를 침술과 함께 사용한 전통이 있었으며, 기원전 2,000년경 '황제내경'에서 그 기록을 볼 수 있다. '본초강목'에는 200가지 이상의 식물을 혼합한 처방을 찾아 볼 수 있다.

우리나라에서는 허준의 '동의보감'에서 아로마테라피의 역사를 찾을 수 있다.

서양의 향문화는 기원전 3,000년경 이집트로 거슬러 올라간다. 이집트인들은 향료를 하나님께 드리는 제물, 즉 종교적, 의학적, 미용적으로 사용하였다. 미르과 송진의 액 등 살균, 부패 방지효과가 있는 정유를 죽은 시체에 방부제로 발라서 미라를 만들었으며, 고대 미인 클레오파트라는 향유를 사용하여 자신의 아름다움을 가꾸었다. 기원전 2,000년경 파피루스에는 "고품질의 오일, 향료, 향의 선택이 사원의 신을 즐겁게 한다."라고 기록되어 있으며 오래된 식물의 의학적 효과와 사용법에 대한 기록이 남아 있다.

아로마 오일에 대한 최초의 기록은 고대 인도, 페르시아, 이집트의 문헌에서 볼 수 있다. 이때는 대개 흙으로 빚어 만든 항아리 속에 물과 향기식물을 넣고 끓여 나오는 증기를 목면이나 아마포에 흡착시킨 후 이것을 짜서 아로마 오일을 얻거나, 동·식물의 지방유에 향기식물을 넣고 우려내어 얻어내었다. 기원전 3,950년경 이미 이집트에서는 올리브(Olive)의 열매를 압착하여 얻은 식물유가 개발되어 사용되었다는 기록이 있다.

또한, 백단향(Sandalwood), 미르(Myrrh), 계피(Cinnamon), 생강(Ginger) 등이 질병의 치유 뿐 아니라 종교의식으로도 쓰여졌고, 고대 이집트인들은 몰약을 시체에 발라서 미이라를 만들기도 하였다. 특히 몰약은 성경에도 나오는 것으로 예수가 탄생할 때 질병의 예방을 위해 동방박사가 전해 준 선물 가운데 하나로도 유명하다.

아로마 오일이 시체의 방부 처리는 물론 질병의 예방과 치료에도 쓰여졌다는 사실에서 알 수 있듯이 의학과 떼려야 뗄 수 없는 관계를 가지게 되었다. 그 후 이집트에서 그리스로 전파되었으며, 기원전 4세기경 히포크라테스(BC 460~370)에 이르러 체계적인 기틀이 마련되었다. 그는 어떤 한 질병에 대한 신체의 반응이 개개인마다 다른 것이라는 전제하에 환자들의 반응을 개별적으로 연구하고 질병 치유를 위해 환자마다 치료 방법을 달리 하였으며, 또한 환자 자신의 자연 치유력을 이용할 수 있도록 하였다. 특히 건강한 아름다움을 강조하여 식이요법, 일광욕, 마사지, 목욕 등을 조화롭게 실시하였으며, 각종 질병의 치료에 사용 될 수 있는 많은 식물들을 체계적으로 기술하였다. 서기 261년에는 고대 로마에 1,600명의 사람들을 한꺼번에 수용할 수 있을 정도로 큰 대규모의 목욕탕이 건립되었다. 고대 로마의 사람들은 목욕을 즐겼는데, 이때 많은 아로마 오일들이 사용되었다. 이를 위해 네로 황제는 펜넬(Fennel), 세이지(Sage), 로즈마리(Rosemary), 백리향(Thyme)과 같은 향기 있는 식물들과 그 종자를 수집하였다는 기록이 있다.

중국에서는 B.C 2,000년에 쓰인 "황제 내경"과 약용 식물을 기초로 8,000가지 이상의 사용법을 제시한 '본초 강목'은 현재까지 활용되는 가장 오래된 의료의 체계이다.

특히 이집트와 고대 아라비아에서는 상당히 사치스러운 향 문화가 발생하였는데 파라오는 전 세계에서 수집한 약초들을 혼합하여 향을 만들어 사용하기도 하였고, 향유가 육체와 심리에 유용하게 쓰일 수 있다는 점을 인정하고 전적으로 개발한 것은 이집트인이다. 이집트의 상형 문자와 그림을 통해 향유가 신에게 바치는 제물로 사용됐음을 알 수 있다. 특히, 세다우드와 프랑킨센스의 자연 방부성과 항균성은 다음 세계를 위해 시체를 보존하기에는 아주 이상적이었다. 염을 한 후 5,000년이 지나도록 잘 보존된 미이라의 발견은 방부 보존 기술에 큰 기여를 했다. 기원전 3,000년 경, 종교 의식과 미이라를 만드는 의식에서 향유를 사용하던 사제들은 살아있는 사람에게도 향유가 유용하다는 것을 알게 된다. 향유의 비밀을 철저히 간직한 채, 성직자들은 사람들에게 '마법'의 약을 혼합하고 처방해 주면서 그 시대의 치료자가 되었다. 그 후 사회 모든 계층이 점차적으로, 화장품과 향수를 사용하게 되면서 향유의 사용은 널리 퍼지게 되었다.

B.C 4,500년경 이집트에서는 이미 많은 종류의 에센셜 오일을 사용해 왔다는 것이 미라를 통해 알려졌고 상류층의 무덤에서도 시체가 부패하는 것을 막기 위해 에센셜 오일 성분을 사용했던 기록이 있을 정도로 정선된 에센셜 오일들은 태어날 때부터 죽을 때까지 그들의 삶이 지닌 우아함을 따라 다녔다. 당시 사제들과 연금술사들은 특정한 방법으로 향 물질을 배합하여 썼다는 사실이 파피루스를 통해 알려졌으며, 이 당시 유명한 카피(Kyphi)라는 여러 가지 혼합된 향 물질은 프랑킨센스(Frankincens), 주니퍼(Juniper), 미르(Myrrh) 등의 성분으로 알려져 있으며, 지적 사고 능력을 개발시키는 효과로 지식층의 일상 생활과 종교 행사에 주로 사용되었다.

또한, 클레오파트라가 다양한 방법으로 미용에 활용하였음이 문헌이나 벽화 등을 통해 발견되었고, 시바의 여왕은 향들을 독점하여 거래를 하였는데 그녀의 이러한 행위로 세계에서 가장 오래된 향 재료인 프랑킨센스와 미르가 향료거리를 통해 동양에서 유럽으로 전파되었다.

히포크라테스를 통해, 그리스인들이 향유의 치료 특성을 어느 정도 알고 있었고 진정제와 자극제로서 향유의 가치를 인정했었다는 것을 알 수 있다. 그리스인들과 로마인들은 의례와 의식에서 향을 광범위하게 사용했고, 목욕과 마사지가 일반적으로 대유행을 하면서 향유는 아주 중요한 역할을 했다. 그러나 로마 제국이 멸망하면서 유럽에서 향유사용은 사라져 버렸다.

12세기 경에는 십자군 때문에 향수 기술이 유럽에 다시 소개되었다. 향유가 페스트 예방에 쓰였고, 조향사의 상대적으로 낮은 사망률은 향휴가 페스트 예방에 어느 정도 효과가 있었다는 것을 기록으로 보여 주고 있다. 15세기에는 유럽에 조향사가 엄청나게 늘어났고 체취를 가리고 병을 막는데 향유가 쓰였다. 17세기에는 최음성이 인정되었고, 컬페퍼(Culpeper)와 같은 위대한 약초상의 연구 덕분에 향유의 치유 특성도 기록되기 시작했으며 현대의 아로마테라피의 기초가 세워졌다.

3) 그리스와 로마

고대 그리스인들은 이집트인들로부터 아로마 요법의 의료지식을 획득하여 향의 성질에 따라 사용하는 법을 발견하고 기록했다. 그리스의 학자인 디오스코리데스(Dioscorides)는 500가지 아로마 식물의 성분에 대해 자세히 기술한 책을 기술하였다.

그리스에서는 이집트로부터 전파된 지식들을 과학적으로 탐구하기 시작하였는데, 특히 의학의 아버지인 히포크라테스는 어떠한 질병에 대한 신체의 반응이 개개인마다 다르다고 보고 자신의 건강 관리를 위해 목욕과 마사지를 즐겼으며, 질병 치유를 위해 개별적 연구에 의한 치료방법 개발로 환자 스스로의 면역 기능을 활성화하는 다양한 방법을 조화롭게 병행하였음을 기술하였다. 또한 의사들은 이집트를 방문하여 오일 사용방법의 지식을 습득하여 방향 식물이 사람들에게 활력과 마음을 평온하게 하는 성분이 있다는 것을 알고 다양한 치료 방법을 적용하였으며, 로즈와 같이 꽃향기가 나는 에센셜 오일은 신선하고 자극적인 향기로 지친 마음을 되찾아 주는 뛰어난 오일이란 것을 알게 되었다.

그러나 많은 그리스인들은 이성을 초월한 사랑의 절정 신인 아프로디테가 인간에게 향기로운 식물을 주었던 주인공으로 믿으며 모든 향기로운 성분을 신적인 것의 원천으로 간주하였다.

기원전 1,240년 유태인들이 이집트에서 이스라엘로 대이주할 때 수많은 희귀한 고무수지와 오일들이 함께 이동되었다. 출애굽기에 의하면 그들의 여정 중에 모세는 신으로부터 성유를 만드는 법을 전수 받았는데 그 재료 중에는 미르, 시나몬, 칼라무스, 카시아, 올리브 오일 등이 포함되었다. 이 성유는 성직자로 봉헌할 때 세대에 걸쳐 사용되었다. 또한 예수의 탄생 때 프랑킨센스와 미르가 동양의 보배로서 바쳐졌다는 언급을 성경에서 볼 수 있다.

많은 그리스인들이 로마인에 의해 고용되었고 그들을 통하여 아로마 식물의 사용이 로마인들에게 전파되었다. 로마인들은 그리스인들에 비해 향료를 사치스럽게 사용했으며 목욕 후 오일로 마사지를 하였고 머리, 몸, 옷에 많은 양의 정유를 사용했다.향 재료는 그리스를 거쳐서 로마에 이르렀는데 고대 로마인들은 이 향 재료를 '동양으로부터 빛이 왔다 '라는 말로 극찬을 했고, 그 빛에 또 하나의 요소인 방향성이 있는 향기를 첨가하는 등 현실적이었던 로마인들은 동양으로부터 온 그 선물을 잘 이용하여 계속 발전시켰다. 특히 네로 황제 시대에는 로즈(Rose)향을 즐겨 사용하였으며 로즈(Rose) 에센셜 오일뿐만 아니라 연회장에 오는 손님들에게 로즈 화관을 씌어 주고 분수에서는 로즈 화장수와 로즈 푸딩을 먹을 정도 였다. 또한 목욕 문화의 발달로 대규모의 목욕탕 시설이 갖추어졌으며 이때 사용되었던 에센셜 오일들로 타임(Thyme), 로즈마리(Rosemary), 세이지(Sage), 펜넬(Fennel), 로즈(Rose), 카모마일(Chamomile) 등으로 약용식물 도감을 통하여 알려져 있다.

고대 로마의 멸망과 함께 중세 암흑시대를 지나 인간의 재발견 '르네상스'가 시작되고 그 후 서양의 십자군 기사들이 이슬람 교도를 정벌하고 돌아오면서 아랍지역으로부터 많은 전유물과 함께 향을 추출할 수 있는 식물들과 추출 할 수 있는 세련된 증류 지식을 가져오게 되어 유럽에 소개하게 된다. 그 후 중세 수도원의 정원에서는 약초와 약용 식물에 관한 지시고가 그들을 가꾸고 제조하며 이용하는 방법에 관한 지식들이 근대까지 잘 보관되어 있다.

로마 몰락과 기독교의 등장으로 많은 내과의들이 콘스탄티노플로 망명하였고 히포크라테스, 가라렌, 디오스코라이드의 위대한 업적이 아랍어, 페르시아어 등으로 번역되어 아랍으로 전해졌다.

AD 980년 아랍의 최고 의사였던 아비세나(Avicenna)는 증류법인 쿨링 시스템을 발견하여 오일 추출법을 발전시켰다. 또한 자신의 저서에서 지금도 널리 사용되는 카모마일, 캄파, 라벤더 등 약 800가지의 식물의 정유가 인체에 미치는 효과에 대해 기술하였다. 그러나 로마 몰락과 함께 향료의 지식과 이용방법들이 사장되어 향기 치료의 암흑 시대를 맞게 된다.

4) 중 세

고대 그리스, 로마를 포함하여 그동안 발전되어온 모든 문화적 전통이 고대 로마의 멸망과 함께 무너지고 기독교가 지배하던 중세에는 암흑 시대로 빠져들었다. 중세의 암흑시대도 어느덧 막을 내리고 새로운 사회에 대한 탐구가 끊임없이 시도되면서 종교에 억눌렸던 인간을 재발견하자는 운동, 즉 '르네상스(Renaissance)'가 시작되었다. 12세기경에는 이슬람교도를 정벌하고자 원정을 떠났던 십자군이 돌아오면서 동양의 진귀한 향료를 함께 가져왔다. 그들은 단순히 향료 만을 가져온 것이 아니라 순수한 아로마 오일을 추출해 낼 수 있는 증류법도 유럽에 소개하였다.

당시 아랍인들은 연금술을 연구하던 중 "냉각 장치(Cooling condenser)"를 발명하게 되었으며, 이로 인해 아로마 오일의 생산에 현대적인 개념의 증류법(Distillation)을 도입하게 되었다. 그 당시 증류법에 의해 현재의 아로마 오일과 유사한 장미유(Rose oil)가 장미꽃으로부터 최초로 얻어지기도 하였다. 또한 아랍인들은 최초로 순수한 에틸 알코올을 냉각 장치를 이용한 증류법에 의해 얻었는데, 이는 몇 천년 동안 쓰여져 왔던 지방유 대신 아로마 오일을 추출하는 새로운 용매로 사용되었다.

이슬람 문화의 발전과 더불어 이룩된 알코올 및 증류 기술의 발명은 이후 아로마 오일의 품질과 사용법에 있어 획기적인 전환점을 가져왔다. 즉, 증류법에 의해 얻어진 에틸 알코올은 아로마 오일을 녹이는데 쓰이게 되었는데 이것은 현대적인 향수의 시초가 되어 오늘날까지 이어지고 있다.

영국에서는 정유를 13세기에 처음 사용했다는 기록이 있다. 장갑 만드는 기술자들이 가죽에서는 나는 냄새를 막기 위해 장갑에 정유의 향을 많이 사용했는데, 이로 인해 그들은 콜레라 같은 전염병에 거의 걸리지 않았다. 이후 정유의 방부 효과가 큰 것을 알고 체취와 냄새 제거뿐만 아니라 최음제 등 의약성분으로서 널리 사용하였다.

에센셜 오일의 대중적인 사용은 14세기 흑사병의 공포로 약초와 아로마 오일의 중요성을 인식하면서부터였다. 프랑킨센스, 파인 오일을 사용하여 병균을 막고 죽음에 대한 공포와 전염병 확산을 막았다. 중세에 사용하던 에센셜 오일의 성분들이 주로 페스트나 콜레라의 면역 물질로 사용되었다면, 17세기 후반 루이 14세 때부터는 전 유럽에 붐을 이루며 에션셜 오일이 널리 사용되기 시작했다. 그러나 이렇게 수요가 급증하면서 과학 실험을 통한 화학적 합성향이 개발되어 에센셜 오일의 치료효과보다 대량생산되는 합성향이 우세하여지기 시작하여 파라첼 수스 이후에 전수되어 오던 약초 및 약용식물에 관한 지식은 수년간 사람들로부터 잊혀져 가는 듯 했다.

중세에는 전염병이 돌기 시작하면서 소나무나 로즈마리 등의 향기 식물을 길거리에서 태우거나 향기 식물의 다발을 몸에 지녀 전염병의 확산을 막으려고 하였다. 유럽에서는 동양의 고무수지를 추출하는 식물이 없는 관계로 라벤더, 로즈마리, 세이지 등의 토종 향기 식물이 연구되기 시작했다.

1370년에 탄생한 최초의 알코올 향수인 "헝가리워터(Hungary water)"는 로즈마리 오일을 에틸알코올에 녹여 만든 것으로 헝가리의 어떤 수도사가 엘리자베스 여왕을 위해 만들어 바친 것으로 유명하다. 당시 신경통으로 고생하던 엘리자베스 여왕은 이 향수로 인해 건강을 되찾고 아름다움을 유지할 수 있었다.

5) 19세기

19세기 초반에는 과학 혁명에 힘입어 화학적 연구결과 최초로 정유에 존재하는 화학성분을 파악해내고 Geraniol, Cineol의 이름을 붙이기에 이르렀다. 이러한 연구가 오일의 합성 연구나 현대약학 산업의 초석이 되었다.

19세기 말 현대의학과 화학의 발달로 인해 질병의 치료가 점점 자가 치료가 아닌 전문가 치료로 전환되면서 생약 제재나 향료 물질을 이용한 치유법이 신뢰성을 잃게 됨으로서 20세기 중반까지 에센셜 오일의 역할은 화장품, 향수, 식품 첨가제로 그 영역이 축소되었다. 또한 화학적인 방법에 의한 합성향수가 저렴한 가격으로 생산되면서 전통적 아로마테라피는 쇠퇴기에 접어들었다.

6) 20세기 이후

20세기에 들어와 1937년 프랑스의 화학자 가뜨포세(Rene Maurice Gattefosse)가 향료 산업에 종사하면서 아로마에 관한 연구를 통해 '아로마테라피'라는 용어를 처음 사용하였다.

그는 실험실에서 향을 배합하는 실험 중 실수로 화상을 입게 되는데 이때 우연히 라벤더 오일에 손을 담갔더니 놀랍게도 화상에 덴 상처와 통증이 눈에 띌 정도로 치유되는 것을 경험하게 되었다. 이러한 치유효과를 통해 그는 천연정유 자체의 치유 효과가 천연정유에 함유된 개별 활성성분이나 합성된 대리물보다 더 우수함을 발견하고 천연 정유의 의학적 사용을 처음 주장하게 되었다.

그는 그의 논문에서 '천연물질은 완전하고 순수한 형태로 사용되어야 한다.'는 자연법의 기본적 입장을 반영하고 있다. 이때부터 정유에 대한 본격적인 재연구가 진행되었으며 아로마테라피가 치료법의 의미를 가지고 사용되게 되었다.

그 후 19세기가 되어서야 자연과학자들은 새로이 식물이 지닌 성분의 효과를 발견하게 되었는데 프랑스의 화학자인 르네 모리츠 가뜨포세(Rene Maurice Gattefosse, 1881~1950)에 의해 학문적으로 체계화되었다. 1910년 7월 화장품 회사에서 실험 도중 일어난 폭발로 인해 손에 화상을 입게 되었고 이때 우연히 옆에 있던 라벤더 오일 통에 손을 넣었는데, 상처회복시간이 매우 빠른 것에 착안하여 에센셜 오일의 살균 방부(Anticeptic) 작용에 대한 연구와 에센셜 오일이 빠르게 피부 세포 조직에 스며들게 되는 것에 대하여 많은 실험 결과를 발표하였다.

아로마테라피라는 용어는 1928년 향유의 치료 작용을 설명하기 위해 프랑스 화학자인 르네 모리스 가뜨포세(Rene Maurice Gattefosse)가 처음 사용하였다. 가트포세는 2차 세계대전 부상자들을 치료하면서 향유의 탁월한 세포 재생 효과와 방부 효과를 발견한 장 발네(Jean Valnet) 박사에 의해 이어졌다.

1차 세계대전시 군의관으로 있던 프랑스의 의사 장 발네(Jean Valnut)는 상처나 화상치료에 타임, 레몬, 클로브, 카모마일 등을 사용하여 그 효능을 입증하였고 1964년 'Aroma Therapy' 라는 책을 출간하여 근대 아로마테라피 운동을 불러 일으켰다. 그는 특정 의학적, 정신적 질환 치료에 성공적인 효과를 확인 한 후 치료법으로 제시하였다.

그의 영향을 받은 화학자 마가렛 모리 여사(Marguerite Maury : 1895~1968)는 아로마테라피의 미용 요법과 건강 요법은 마가렛 모리(Marguerite Maury)의 '생명과 젊음의 비밀' 이라는 책에서 인용되었으며 오늘날 아로마테라피는 전세계적으로 각광 받고 있고, 현대의 연구는 지난 수천 년 동안의 수많은 시도와 실패로 밝혀진 향유의 특성과 적용의 과학적인 기반을 이해하기 시작했다. 이 연구를 이용하여 고객 개인의 특성 및 건강 상태와 주관적 문제에 적합한 향료 처방을 함으로써 고객에게 활기를 되찾고자 시도하였다. 그녀는 정유의 피부재생 효과에 대해 연구하였고 피부 미용에 정유를 적용한 아로마 마사지법을 창시하였다.

그 후, 1959년 마셀린 아처(Micheline Arcier)는 마담 마리와 만나고, 장 발네 박사와 교류하여 아로마테라피를 발전시켰고 지금까지 알려지는 아로마테라피 마사지를 만들었다.

이러한 아로마의 재발견 결과로 1977년 영국의 로버트 티저랜드(Robert Tisserands)는 처음으로 "The Art of Aromatherapy"라는 책을 소개 하였으며 1974년 영국 최초로 에센셜 오일의 시판을 시작하였다. 1977년 가뜨포세와 발네의 업적과 이에 영향을 받은 로버트 티저랜드(Rebert Tisserand)의 저서 'The Art of Aromatherapy' 의 발간은 고대로부터 사용한 향료를 학문적인 치료기술인 'Aromatherapy' 로 전환시키는 새로운 시점이 되었다.

티저랜드의 책 출간 이후 수많은 책이 발간되어 아로마테라피가 급속도로 많은 사람에게 알려졌다. 최근에는 19세기 이후 현대의학의 출현으로 부진했던 아로마테라피가 다른 많은 대체의학들과 함께 하나의 대체의학으로서 관심을 끌고 있다.

이렇게 식물에서 정제된 에센셜 오일에 대한 사용방법과 치료 효과에 대한 연구가 거듭되었는데 현대에 이르러서는 유럽 특히 영국, 프랑스, 독일을 중심으로 의학적 영역에서도 본격적으로 연구 이용되기 시작하였으며 호주, 미국, 캐나다와 우리나라에서도 자연치료 의학계와 화장품 피부 미용업계의 관심을 받으며 계속 연구 발전되어 가고 있다.

4. 에센셜 오일의 인체내 작용

에센셜 오일은 다양한 경로를 통해 인체내에 작용한다.

에센셜 오일을 흡입했을 때 향기 분자들은 폐와 얇은 벽의 모세 혈관의 작은 기관이나 폐포 사이에서 기체 교환의 일부가 될 수 있으며, 동시에 향기 분자는 몸의 순환계로 통과한다.

1) 후 각

후각신경은 다른 감각들보다 예민하며 후각신경을 통한 오일의 흡수 속도도 0.5초로 가장 빠르다. 코로 흡입된 향은 점액질의 얇은 막으로 쌓여 있는 가는 신경세포로 구성된 후각섬모를 통하게 되고 후각통로의 내면에 있는 후각수용체가 향분자를 받아들인다. 후각신경계로 보내진 향분자들은 뇌의 기저부의 신경구조인 후각구를 통과하여 뇌변연계의 여러 부위, 즉 대뇌피질, 뇌하수체, 시상하부로 퍼지게 된다.

각각의 향 분자들은 다른 모양을 하고 각기 다른 자극을 뇌에 전달하는데 뇌의 변연계에 전달된 방향입자는 분석이 이루어 진 후 신경화학물질을 생성한다. 이 신경 화학물질은 뇌하수체에 영향을 주어 호르몬 분비를 조절하고 시상하부를 자극하여 자율신경계와 진정, 자극, 행복감, 긴장 완화 등의 정서 발현에 영향을 준다.

아로마 오일은 피부 관리에 광범위하게 쓰이는 것은 물론 화상, 여드름, 염증 등의 치유에도 쓰이고 있다. 우리는 스트레스를 받았거나 피곤할 때 또는 피부가 거칠어졌을 때 아로마 오일을 사용하여 심신의 건강과 활력 뿐 아니라 미용효과도 높일 수 있다. 아로마 오일은 대개 피부를 통하거나 호흡기를 거쳐 폐를 통해 체내로 흡수되는데, 이때 흡수된 아로마 오일의 분자들은 혈관으로 들어가 온몸으로 퍼져 비정상적인 세포들을 정상화시키고 최종적으로 체외로 배설되는 경로를 거치게 된다. 또한 코의 후각신경을 통해 대뇌(Cerebrum) 신경계에 향기에 대한 정보가 전해진다. 대뇌 신경계는 감정을 조절하고 자율신경이나 호르몬의 중추가 있는 부분이므로 후각 신경을 통해 전해진 향기 신호의 영향으로 몸과 마음의 질병이 치유된다.

코의 천장 부분에는 섬세한 머리카락과 같은 돌기인 섬모가 있는 습한 점막으로 되어 있고, 섬모들은 얇은 수분층으로 덮혀 있다. 이 수분은 공기를 통해 코로 운반된 미세한 냄새 분자와 접촉되며, 그 분자들은 후각 세포를 화학적으로 자극한다. 이러한 기능을 하는 후각 세포는 대략 30일 주기로 새로 생기지만, 나이가 들어 감에 따라 생성 주기가 느려진다. 노인의 경우 젊은 사람들에 비해 냄새를 잘못 맡는 것은 이 때문이다.

후각 세포에서 전기적 신호로 변환된 향기 분자의 정보는 후각 신경을 통해 대뇌 신경계 중 "변연계(Limbic system)"에 전해진다. 이는 계통 발생상 비교적 일찍 생긴 부분으로 "대뇌고피질" 또는 "대뇌 구피질"이라고도 하는데, 변연계라는 이름은 뇌의 중심에 위치한 시상을 주변에서 감싸고 있는 모양에서 비롯되었다. 특히 변연계는 소화기관, 생식기관등의 내장 기관을 지배하고 있어 "내장뇌"라고도 불리운다.

변연계는 늦게 발달된 대뇌의 피질에 의해 안쪽으로 둘러싸여 있는데, 늦게 발달한 이 부분을 "대뇌 신피질" 또는 통상적으로 "대뇌 피질"이라 부르고 있다. 이 대뇌 피질은 고도의 사색기능, 판단 기능, 창조적 정신 기능 등의 고등 정신활동에 관계하는데 비해, 변연계는 인간의 원초적이고 본능적인 활동에 관계한다.

변연계의 자극은 본능적인 활동의 중요한 감각을 연결하고 조절해 주는 시상하부(Hypothalamus)로 전달된다. 시상 하부는 다시 바로 아래에 있는 자율신경계와 호르몬계를 지배하는 뇌하수체(Pituitary gland 또는 Hypophysis라 부름)에 신호를 전달한다. 뇌하수체는 시상하부의 명령에 따라 자체적으로 자율신경계에 자극을 주거나 호르몬을 생산한다. 즉, 시상하부의 명령에 따라 분비된 호르몬은 소화기관, 생식 기관에 영향을 미치게 된다. 이와 같은 과정을 통해 최종적으로 성욕, 식욕, 목마름 등의 원시적 욕구를 느끼게 되는 것이다. 즉, 후각은 다른 감각과 달리 대뇌의 변연계에 미치는 유일한 것으로 감각적이며 원초적인 욕구를 느끼게 해 준다.

코 → 후각신경 → 변연계 → 시상하부, 대뇌피질 → 뇌하수체

2) 호 흡

비강의 안쪽 천정 위에 지름 2cm의 후각 상피라는 후감대의 후각신경(Olfactory nerve)를 통해 향기 분자는 이곳에서 냄새를 맡게 된다.

한편 코로 흡입되어 폐로 들어간 향입자들은 혈액순환계(혈액, 림프액)을 통해 피부를 비롯한 각 인체 기관에 전달되어 조직, 세포에까지 영향을 미치게 된다.

코 → 후두 → 기관지 → 폐 → 순환계 → 전신

3) 피 부

피부나 폐를 통해서 체내에 유입된 아로마 오일의 분자는 내분비선에 영향을 주며 호르몬의 균형을 조절해 주는 작용을 한다. 이러한 호르몬의 균형은 피부 세포의 재생기능과 피지선의 분비를 조절시키는 역할을 하며, 특히 이러한 것은 지성피부, 지성모발, 여드름을 관리하는데에도 효과가 있다.

마사지 방법을 통해 우리 인체의 가장 큰 기관인 피부 조직으로 에센셜 오일의 분자들은 체내로 침투한다. 우리의 피부 조직을 흔히 외피라고 부르는데 이 조직은 끊임없이 세포를 재생하고 탈락시키며 몸의 온도 유지의 기능을 한다. 에센셜 오일은 피부의 모공과 모낭을 통해 침투하고 배출되는데 에센셜 오일은 화학 물질이나 약과는 달리 체내 축적되지 않고 대·소변, 땀, 호흡에 의해 배출된다.

정유의 입자는 일차적으로 모공과 땀구멍을 통해 피부에 흡수될 뿐 아니라 이차적으로 정유의 지용성으로 인해 지방질 속에 녹아들어 피부세포 사이로 침투하여 피부의 진피층까지 흡수된다. 이후에 혈액순환과 림프순환을 통해 전신을 순환하게 되며 순환하던 정유는 자기 면역 기구를 고양시키고 친화력을 가진 특정 기관에 머물기도 하며 근육에도 영향을 미친다.

지용성 분자로 이루어진 정유는 20~30분 내에 피부에 흡수되어 짧게는 몇 시간에서 길게는 며칠 동안 체내에 머물면서 치유과정을 계속한다. 일반적으로는 8시간 체내에 머문 후 소변을 통해 체외로 배설되나 건강치 않는 인체의 경우나 정유의 종류에 따라서 더 오랜 시간 체류한다.

피부에 상처가 있거나 감염이 되었을 때에는 흡수율이 매우 높아지므로 바를 때 주의해야 한다.

표피 → 진피 → 순환계 → 전신

4) 입

혀 아래의 흡수관을 통해 소화관으로 흡수되며, 원액이 위점막 등을 손상시킬 수가 있으므로 희석상태에서 복용해야 한다. 이 방법은 아직 대분의 나라에서 금지하고 있으며 다른 방법에 비해 흡수율이 낮다.

제 2 장

에센셜 오일의 일반적 특징

제 2 장
에센셜 오일의 일반적 특징

아로마 에센셜 오일은 식물에서 추출한 성분으로, 식물이 가진 생명의 힘도 여기서 나온다고 할 수 있다. 인체에 사용 가능한 오일은 약 300여 종 이상이 있으며, 그 중 약 60여 종의 오일을 많이 사용한다.

1. 향의 분류

에센셜 오일의 향을 평가하기 위해서는 오일이 사용되는 장소가 매우 중요하다. 습기와 통풍이 적절하고, 집중할 수 있는 곳이어야 한다. 에센셜 오일의 향이 표현하고 있는 성질을 향의 유형, 성격, 강도, 휘발성과 성질 등으로 분류할 수 있다.

1) 향의 유형

향의 후각적인 개념으로 측정되어 지며 열매나 나무, 꽃, 약초, 과일향이 나는 것으로 구분된다.

표 2-1. 에센셜 오일 향의 유형

향의 유형	특징	적용 오일
아니스 열매향 (anisic)	– 사탕 과자 향 – 상쾌한 향	페널, 아니시드
발삼향 (balsamic)	– 기름지고 달콤 – 따뜻한 느낌 바닐라 향 – 하향의 고착제	벤조인
캠퍼 향 (camphoraxeous)	– 신선하고 산뜻한 약초 냄새 향	카제풋, 유갈립투스, 로즈마리
감귤 향 (citrus)	– 자극적이고 신선	버거못, 레몬 등(냉각 압축법)
침엽수 향 (conofer)	– 녹색 침엽수 수지에서 추출되는 향 – 상쾌하고 활기를 줌	파인
흙향 (earthy)	– 풍부하고 신선	샌들우드, 진저
분향 (faecal)	– 인돌이 함유되어 나오는 향	재스민, 투버로즈, 백합
꽃향 (floral)	– 화초 계열의 향	재스민, 로즈, 일랑일랑
과일향 (fruity)	– 천연과일 향	라임
약초향 (herbaceous)	– 균 냄새 – 희미한 나무 향 – 신선한 향	라벤더, 마조람, 로즈마리, 타임
민트향 (minty)	– 멘톨 향 – 상쾌 – 내부 장기 깊숙이 스며드는 듯한 향	페퍼민트, 스피어민트
기름진향 (oily)	– 고착제를 연상	일랑 일랑
페퍼향 (peppery)	– 따뜻하면서도 건조한 향	블랙 페퍼
스파이시향 (spicy)	– 혀와 코를 찌르는 향	클로브버드, 시너먼, 진저
나무향 (woody)	– 나무와 비슷한 향	시더우드, 샌들우드

2) 향의 성격

향이 인체에 적용되어 우리 몸의 생리 작용에 영향을 줄 수 있는 것을 의미한다. 즉 인체의 균형을 유지시켜 주는 느낌을 줄 수 있다.

표 2-2. 에센셜 오일의 향의 성격

향의 성격	특 징
균형 잡힘(balanced)	골고루 화합이 잘 되는 향
확산성(diffusive)	제라늄, 일랑일랑 같은 오일
건조(dry)	파출리 처럼 메마른 느낌을 주는 향
평범(flat)	특징이 없고 평범한 향
신선함(fresh)	감귤 향
거침(harsh)	시트로넬라, 레드타임 같은 와일드한 향
무거움(heavy)	재스민, 일랑일랑
가벼움(light)	질이 높은 오일로 네롤리, 프랑스산 라벤더
곰팡내(musty)	베티버
풍부함(rich)	일랑일랑, 로즈, 클로브버드
날카로움(sharp)	레몬, 카제풋
달콤함(sweet)	로즈, 아니시드처럼 부드럽고 섬세한 향
매끄러움(smooth)	부드러운 발삼 향으로 샌들우드, 시더우드
따뜻함(warm)	진저, 블랙 페퍼, 재스민, 로즈 같은 스파이시 계통

3) 향의 강도

오일을 혼합할 때 원하는 향기의 강도를 측정하여 구별할 필요가 있다. 각 에센셜 오일이 갖고 있는 향을 느끼는 강도를 알기 쉽게 숫자로 구분한 것으로 숫자가 높을수록 향기가 강하다.

표 2-3. 에센셜오일의 향의 강도

오 일	강 도	오 일	강 도	오 일	강 도
안젤리카	9	유향	7	파출리	7
애니시드	7	생강	7	블랙 페퍼	7
바질	7	주니퍼베리	5	페퍼민트	7
버가못	5	라벤더	5	페티그래인	5
시다우드	6	오렌지	5	솔잎	5
시나몬	7	레몬	5	로즈(absolute)	7
시트로넬라	6	레몬그래스	6	타임	7
클라리 세이지	5	만다린	5	로즈마리	6
클로브버드	8	몰약	7	로즈우드	5
유칼립투스	8	네롤리	5	세이지	6
휀넬	6	너트머그	7	샌드우드	7

4) 향의 휘발 속도

에센셜 오일의 향 휘발성 성질에 따라 상향(Top note), 중향(Middle note), 하향(Base note)으로 분류 한다. 향의 휘발속도는 치료 효능을 극대화 시킬 수 있는 향이 얼마나 오래 지속 하는지, 향의 첫 느낌인지 뒤끝의 향을 인식하여 나타내는 지표이다. 이 지표는 19세기 향수 제조자 프랑스인 S. Piesse에 의해 고안된 것이다. 19세기 정유를 증발속도를 이용해 더 많은 정유를 얻기 위해 이용되었다.

(1) 상향(Top note)

상향(Top note)은 3시간 이내에 증발하는 성질이 있다. 전체적으로 블렌딩 된 향의 성격을 결정짓는 역할을 한다고 볼 수 있다. 강한 첫인상을 주는 오일로 자극적이며 기분을 고조시킨다. 강렬하고 침투력이 강한 향과 휘발성을 갖고 있어 매우 빨리 증발하여 후각을 자극시킨다. 상향(Top note)은 전체의 5~10% 차지하는 것이 바람직하다. 그 종류로는 버가못(Bergamot), 그레이프 후르트(Grapefruit), 레몬(Lemon), 라임(Lime), 만다린(Mandarin), 네롤리(Neroli), 오렌지(Orange), 페티트그렌인(Petitgrain), 바질(Basil), 월계

수, 클라리세이지(Clary sage), 코리안더(Coriander), 유칼립투스(Eucalyptus), 진서(Ginger), 레몬그라스(Lemongrass), 니아올리(Neroli), 너트맥, 팔마로사(Palmarosa), 페퍼민트(Peppermint), 세이지(Sage), 티트리(Tea tree), 타임(Thyme) 등이다. 효과로는 급성상태, 쇼크 또는 통증을 경감하는 것을 돕는다고 밝혀져 있다.

(2) 중향(Middle note)

중향(Middle note)은 보통 6시간에서 2~3일까지 그 향을 유지한다. 배합에서도 50~80%를 차지할 만큼 중요하다. 상향과 하향의 중간에서 균형 있게 끌어 주는 기능을 하며, 예민한 모서리를 부드럽게 해주고, 각진 것을 둥글게 해주어 사람으로 치면 몸통에 해당되는 역할을 한다. 날카로운 신경의 진정효과, 신선하고 활기 있으며 부드러운 향, 균형에 작용한다. 일반적인 대사, 소화 기능에 작용한다. 블랙 페퍼(Black pepper), 캐롯시드(Carrot seed), 카모마일(Chamomile), 휀넬(Fennel), 제라늄(Geranium), 히솝(Hyssop), 주니퍼(Juniper), 라반딘(Lavadin), 라벤다(Lavender), 마조람(Marjoram), 파인(Pine), 로즈마리(Rosemary), 로즈우드(Rosewood) 등이 이에 속한다.

(3) 하향(Base note)

하향(Base note)은 이틀 이상, 일주일까지 향을 유지한다. 전체적인 배합을 안정되고 깊게 유지시켜 주는 오일이다. 하향(Base note)의 오일은 전체의 5% 이내에서 배합하는 것이 적당하다. 하향은 피부에 고정이 잘 되고 인간의 영적이고 정신적인 부분에까지 작용한다. 신경을 안정시키는데 관여하고 있다. 즉 지속효과, 침착효과뿐만 아니라 매우 느리게 증발하여 진정과 이완작용에 관여 하며 정신적인 에너지에 관여 할 수 있다.

벤조인(Benzooin), 샌더우드(Sandalwood), 시나몬(Cinnamon), 클로브(Clove), 사이프러스(Cypress), 프랑킨센스(Frankincense), 재스민(Jasmin), 멀(Myrrh), 패출리(Patchouli), 로즈(Rose), 샌달우드(Sandalwood), 베티버(Vetiver), 일랑일랑(Ylang ylang) 등이 이에 속한다.

에센셜 오일의 상향(Top note), 중향(Middle note), 하향(Base note)의 약자로 T, M, B로 표기하기도 한다. 제품의 원산지 계절 등에 따라 노트는 조금씩 다를 수 있고, T(Top note), M(Middle note), B(Base note)를 T(Top note), TM(Top & Middle note), MB(Middle & Base note), B(Base note)의 다섯 가지로 구분하기도 한다.

표 2-4. 향의 휘발속도에 따른 분류

구 분	작용 및 특성	해당 오일
상향 (Top Note)	· 휘발성일 강하며 향기 지속 시간은 3시간 이내이다. · 민감하며 침투적이다. · 오일 혼합시 가장 빨리 향기를 느낄 수 있다.	감귤 향 오일(Citrus oil) 페퍼민트(Peppermint) 타임(Thyme) 유칼립투스(Eucalyptus) 시너먼(Cinnamon) 클로브 버드(Clove bud) 바질(Basil) 클라리세이지(Clary sage) 등
중향 (Middle Note)	· 대부분의 오일이 여기에 속한다. · 부드러우면서 원만하고 따듯한 느낌을 준다. · 주로 인체 기능과 같은 소화기관, 일반적인 신진대사 등에 쓰인다. · 향기 지속 시간은 2~3일 정도이다.	라벤더(Lavender) 로즈우드(Rosewood) 제라늄(Geranium) 마조람(Marjoram) 등
하향 (Base Note)	· 향기를 오래 가게 하는 고착제로 쓰인다. · 피부 깊숙이 침투하며 깊고 심오한 느낌을 준다. · 일주일 이상 향기가 지속되며 인체에 강하게 직접적으로 반응한다. · 마음을 안정되고 편안하게 하는 성분이 있다.	샌들우드(Sandalwood) 파출리(patchouli) 프랑킨센스(Frankincense) 시나우더(Cedarwood)

2. 에센셜 오일의 화학 성분

에센셜 오일은 식물로부터 추출된 유기 화합물(Organic compounds)이다. 적게는 수십 가지, 많게는 수백 가지의 화학물질들이 모여 하나의 에센셜 오일이 만들어 진다. 즉 보통 한 개의 에센셜 오일에 100여종의 아로마 분자가 있으며 분자의 수는 10~500종까지 다양하다. 식물마다 각각 다른 분자들로 결합되어 있어 독특한 에센셜 오일들을 만들어 내는 것이다. 에센셜 오일의 구성하는 기본적인 화학적 구성성분은 다음과 같다.

1) 기초 에센셜 오일 화학

에센셜 오일의 대부분 모든 분자는 탄소(C), 수소(H), 산소(O)로 구성되어 있으며 그 외의 유황화합물, 질소화화합물들이 일부 포함되어 있다. 에센셜 오일을 구성하는 물질을 두 그룹으로 나누는데 탄화수소와 산화물질이다. 탄화수소는 탄소(C)와 수소(H)를 중심으로 결합되어있으며 터펜(Terpenes)이라고 한다. 산화물질은 탄화수소류에 산소가 결합한 산화화합물로 터펜노이드(Terpenoids)라고 한다.

2) 에센셜 오일 분자

(1) 테펜(Terpenes)

모든 식물은 생화학적인 뼈대를 이루는 기본단위는 아이소프렌(Isoprene)구조를 기초로 하고 있다. 테펜(Terpenes)은 몇 개의 아이소프렌(Isoprene)으로 구성되어 있느냐에 따라 모노터펜(Monoterpenes), 쎄스퀴터펜(Sesquiterpenes), 다이터펜(Diterpenes)으로 나뉘어 지며 터펜은 접미사로 '- ene'로 끝나게 되어 쉽게 인지 할 수 있다.

① 모노터펜(Monoterpenes)(C10 = 2 isoprene units)

일반적으로 안전하며 가장 무해한 성분중의 하나이다. 색깔이 비교적 투명하고 점도가 약하다. 휘발성이 강하며 산화되기 쉬운 경향을 보여 준다. 이름의 끝이 '-ene.'로 끝나거나 *α*, *β*, P 접두사를 가진다. 2개의 아이소프렌 단위(Isoprene units)를 형성한다. 여기엔 10개의 탄소원자를 가진다. 아로마 에센셜 오일 가운데 가장 많이 나타나는 물질이다. 쉽게 다른 분자와 함께 화학 반응하지 않으며 특히 레몬(Lemon)이나 오렌지(Orange) 등의 감귤오일(Citrus oil)에서 많은 비중을 차지한다. 예를 들어 레몬(Lemon), 오렌지(Orange), 피넨(Pinene), 캠펜(Camphene), 그레이프 플루트(Grape fruit), 버가못(Bergamot)과 만다린(Mandarin)은 터펜 리모넨(Limonene)이 90% 정도 차지한다. 모노터펜은 방부성과 항균성(Antibacterial), 멸균, 살균(Antiseptic), 항진균성(Antifungal), 항바이러스(Antiviral), 배뇨(Diuretic), 거담(Expectorant), 살충(Insecticidal), 자극(Stimulating), 항염증성(Anti-Inflammatory)의 효과가 있다. 또한 정신을 맑게 하고 집중력을 높여 주는 효능이 있다. 사용량을 많이 하거나 오일을 뜨거운 물에 결합하는 경우와 심한 마찰을 할 경우 피부자극을 주어 발적 현상과 염증이 생길 우려가 있다.

② 세스키터펜(C15 = 3 isoprene units)

모노터펜(Monoterpenes) 만큼 쉽게 산화 되거나 휘발되지 않는 경향이 있다. '-ene.'로 끝난며 세 개의 아이소프렌(Isoprene)으로 구성되어 있다. 여기엔 15개의 탄소원자를 갖고 있다. 에센셜 오일에서 모노터펜 보다 작은 농도로 나타나며 분자량이 커서 잘 증류되지 않는다. 식물의 뿌리 또는 씨앗, 목재에서 대부분 추출된다. 체온을 낮추는 역할을 하기도 한다. 대표적인 성분으로는 카료필렌(Caryophyllene), 카마줄렌(Chamazulene), 장미(Rose), 진저버린(Zingerberine), 프린센스(Frafarnescene) 등이 이에 속한다. 일부는 진통(Analgesic), 항생(Antibiotic), 항균(Antibacterial), 항진균성(Antifungal), 살균(Antiseptic), 항바이러스(Antiviral), 항염(Antiinflammatory), 혈압저하(Hypotensive), 진정(Sedative), 경련 감소(Spasmolytic), 항히스타민(Antihistaminic), 항알레르기성(Anti-allergenic)이 있으며 방수성(Antiseptic)이 있다.

③ 다이터펜(C20 = 4 isoprene units)

이소프렌(Isoprene units) 단위가 4개 연결되어 있다. 여기엔 20개의 탄소를 포함하고 있다. 에센셜 오일에 소량 함유 되어 있다. 분자구조상 무겁기 때문에 증류과정에서 추출되며 다이터펜을 함유하고 있는 아로마 에센셜 오일은 찾아보기 힘들다. 효과는 항진균성(Antifungal), 항균(Antibacterial), 거담(Expectorant), 호르몬계에서의 조화(Balance) 효과도 나타낸다.

(2) 터페노이드(Terpenoids)

터펜노이드(Terpenoids)는 탄소(C), 수소(H), 산소(O)를 함유하고 있는 산화화합물이다. 알코올(Alcohols), 알데히드(Aldehydes), 에스테르(Esters), 케톤(Ketons), 페놀(Phenols), 산화물(Oxides), 락톤(Lactons), 산(Acids) 등으로 나눌 수 있다.

① 알코올(Alcohols)

이름의 끝에는 접미사 '-ol'로 끝나게 된다. 알코올(Alcohols)이 함유되어 있는 여러 종류의 아로마 오일은 부드럽게 작용하는 효능으로 가장 안전하고 유용한 오일로 이용되고 있다. 알코올이 함유되어 있는 오일은 미생물에 대해서 놀라울 정도의 효능이 있지만 인체에는 무해하다. 이러한 이유로 특히 피부 관리시 염증을 억제 시키고, 살균 소독의 목적으로 사용하면 좋다. 또한 알코올을 주성분으로 하는 오일 대부분 좋은 향기를 가지고

표 2-5. 알코올의 종류

모노테르페닉 알콜 (Monoterpenic alcohol)	세스퀴테르페닉 알콜 (Sesquiterpenic alcohol)
Benzyl alcohol	Nerol
Bisabolol	Nerolidol
Bomeol	Nucliferol
Carotol	Olibanol
Cedrol	Patchouli alcohol
Cirtronellol	Phenylethyl alcohol
Daucol	Pinocarveol
Franesol	Sabinol
Geraniol	Santalol
Lavandulol	Terpineol
Linalool	Terpinen-4-ol
Menthol	Vetiverol
Neomenthol	Viridiflorol

있어 신경을 강화하는 작용과 기분을 좋게 하는 작용을 한다. 또한 혈압을 약간 낮추는 작용을 하는 것으로 일반적으로 알려져 있다.

어린이나 노인에 사용시 안전한 성분인 것이다. 항전염성(Anti-infectious), 항바이러스(Antiviral), 항균성(Antibacterial), 이뇨/배뇨(Diuretic), 강장(Toning)의 효과가 있다.

② 알데히드(Aldehydes)

이름의 끝에 접미사를 '-al' 또는 '-aldehyde'로 끝난다. 알데히드(Aldehydes)는 광범위한 자연에센셜 오일의 구성성분이다. 터펜(Terpenes)이나 알코올(Alcohols)만큼 안전하지는 않으나 일부 다른 에센셜 오일 성분에 비교해서는 무해 하다고 할 수 있다. 약간의 과일향을 가지고 있다.

몇몇 알데히드(Aldehydes)는 피부가 민감한 사람에게 알레르기 반응을 일으키는 자극제 일 수 있으며 피부막 또는 점막에 국소적인 염증을 야기하기도 한다. 특히 오일을 대단히 낮은 농도로 희석했을 때 그 효과가 가장 크다. 농도가 강했을 때는 효과가 배가되기보다 역작용이 일어난다. 알데히드는 혈압을 낮추는 작용을 하며 벌레를 쫓는데 이용되기도 한다. 그 예로는 벤조익 알데히드(Benzoic aldehyde), 시트랄(Citral), 제라니알(Geranial), 머테날(Myrtenal), 네랄(Neral)이 속한다. 항전염성(Anti-infectious), 항염(Anti-inflammatory), 살균(Antiseptic), 해열(Febrifuge), 항바이러스(Antiviral), 혈압 저하(Hypotensive), 강장(Tonic)의 효과가 있다.

표 2-6. 알데히드의 종류

Acetaldehyde	Cuminaldehyde
Anisaldehyde	Geranial
Benzaldehyde	Myrtenal
Cinnamaldehydes	Neral
Citral	Perillaldehydes
Citronellal	Valeranal

③ 에스테르(Esters)

일반적으로 '-ate' 또는 '-acetate'로 끝난다. 부작용이 거의 없이 안전 하다. 대부분의 에센셜 오일에서 발견 되며 미량 상태로 존재 하고 있다. 에센셜 오일에 "과일향"을 부여하는 역할을 한다. 신체의 조화를 유지하는 역할을 하며 감정의 "냉정(Calming)"이나 "고양(Uplifting)"과 같은 신경계에 효과적으로 작용한다. 벤질 벤조에이트(Benzyl benzoate), 리나릴 아세테이트(Linalyl acetate), 제라닐 아세테이트(Geranyl acetate)가 이에 속하고 항염(Anti-inflammatory), 항진균성(Antifungal), 근육경련감소(Spasmolytic) 등의 효과가 있다.

표 2-7. 에스테르의 종류

Benzyl acetate	Methyl acetate
Benzyl benzoate	Methyl anthranilate
Bornyl acetate	Menthyl benzoate
Bornyl isovalerate	Menthyl butyrate
Butyl angelate	Methyl salicylate
Citronellyl acetate	Neryl acetate
Citronellyl formate	Sabinene hydrate
Eugenyl acetate	Sabinyl acetate
Geranyl acetate	Terpinyl acetate
Lavandulyl acetate	Linalyl acetate
Vetiveryl acetate	

④ 케톤(Ketons)

이름의 끝에 접미사 '-one'으로 끝난다. 이 물질은 구조적으로는 알데하이드와 비슷하다. 이들은 이차 알코올의 산화를 통해 만들어진다. 케톤(Ketons)은 안정된 물질이며 더 이상은 쉽게 산화되지 않는다. 케톤(Ketons)은 여러 종류의 오일에 함유되어 있으나 그 양은 극히 적은 편이다. 높은 비율의 케톤(Ketons)을 함유한 에센셜 오일은 조심스럽게 사용 하여야 한다. 적정한 비율로 사용 하여야 하며 많은 양을 반복적으로 사용할 시 발생 할 수 있는 결과는 신경계에 해로운 작용을 하며 "유산"이나 "간질 발작" 등이 유발될 수 있다. 이에 임신 중에는 사용을 자제해야 한다. 소량을 사용할 경우 세포 측면에서 섬유의 형성을 촉진 하며 피부의 외상 치료에 유용하다. 카본(Carvone), 펜촌(Fenchone), 멘톤(Menthone), 자스몬(Jasmone) 등이 이에 속한다. 거담(Expectoront)의 효과가 있다.

표 2-8. 케톤의 종류

Acetophenone camphor Carvone Fenchone Lonone Irone Jasmone Menthone Methylheptenone Nootkatone	Perilla ketone Pinocamphone Pinocarvone Piperitone Pulegone Tagetone Thujone 2-undecanone Valeranone Verbenone

⑤ 페놀(Phenols)

이름의 끝에는 접미사 '-ol' 또는 '-ole'로 끝난다. 페놀(Phenols)은 가장 유해한 에센셜 오일 성분으로 간주 된다. 식물성 자연물질인 페놀(Phenols)은 몇 종류의 꿀풀과 허브에 함유 되어있다. 식물성 페놀은 환경오염과 관련하여 매스컴을 떠들썩하게 했던 암을 유발하는 광유(鑛油)에서 나온 독성 페놀과는 달리 인체에 이롭게 이용할 수 있다.

페놀 성분을 다량 함유한 에센셜 오일은 저농도로 단기간 동안 사용해야 한다. 페놀이 주성분인 오일은 방부작용을 한다. 혈액순환을 촉진하고 혈압을 상승시키는 작용을 하기도 한다. 페놀이 함유되어 있는 오일을 장기간 또는 용량을 과다하게 이용하면 간에 손상을 줄 수 있다고 알려져 있다. 또한 피부와 점막을 자극할 수 있으므로 피부에는 희석하여 사용하여야 한다. 어린이와 임신한 여성은 페놀이 함유되어 있는 오일을 이용하지 말아야 한다.

아네톨(Anethole), 카바크롤(Carvacrol), 유제놀(Eugenol), 메틸 카비콜(Methyl chavicol), 띠몰(Thymol) 등이 이에 속한다. 항균(Antibacterial), 항전염성(Anti-infectious), 항바이러스(Antiviral), 면역계에 좋은 효과가 있다.

표 2-9. 페놀의 종류

Anethole Methyleugenol Carvacrol Chavicol	Cresol Estragole(=methyl chavicol) Eygenol Thymol

⑥ 산화물(Oxides)

산화물의 이름은 '-ole' 또는 'oxide'로 끝난다. 산화물(Oxides)은 높은 온도 그리고 공기나 물에 장시간 노출시 쉽게 분해 되는 보기 드문 반응성이 매우 큰 화학물이다. 산화물(Oxides)은 분자에서 하나의 산소원자가 두개의 탄소원자 사이에 위치하고 있는 물질이다(-C-O-C). 에센셜 오일들에서 발견되는 가장 중요한 산화물은 cineole 1,8-cineole이다. 또한 유칼립튜스 오일로부터 얻어진 Eucalyptol로서 알려져있다. 이것은 거담효과(Expectoront)가 아주 뛰어나다.

표 2-10. 산화물의 종류

Bisabolol	Linaliil oxide
Bisabolone oxide	Rose oxide
Caryophyllene oxide	Sclareol oxide
Cineole	

⑦ 락톤(Lactones)

락톤(Lactones)은 분자 크기가 커서 증류 과정에서 걸러진다. 그러나 락톤(Lactones)의 간단한 분자들이 아로마 오일에 함유되어 있는 경우 이러한 것들이 낮은 휘발성을 가지며 자외선과 만나면 화학적인 반응을 일으켜 피부를 검게 타게 만든다.

락톤(Lactones) 물질 중에 하나인 Costuslactone은 자외선의 도움 없이도 피부에 반응을 일으켜 검게 타게 만드는 작용을 한다. 특히, 버가못 오일은 시원하고 상큼한 감귤향으로 향수 제조에 많이 쓰이고 있다. 그러나 여기에는 Bergepten이라는 물질이 들어있는데 락톤의 대표적인 성분이다. 이것은 벨로크 피부염(Berloque dermatitis)과 같은 피부에 색소 침착 현상이 일어나는 원인 물질이기도 하다. 그래서 요즘 시중의 버가못 오일용기를 보면 'Bergamot FCF'라는 문구가 기재되어 있다. 이것은 Furo-Coumarin Free의 약자이다. Bergapten은 Furo-Coumarin이라는 화학적인 계열에 속한다. 바로 이것이 들어있지 않다는 뜻이다. 여기에 속하는 화학물은 썬탠 제품의 원료로 많이 사용되며 염증을 완화시켜주는 효능을 가지고 있다.

표 2-11. 락톤의 종류

Alantolactone	Costuslactone
Ambrettolide	Coumatin
Bergaptan	Pentadecanolide
Costunolide	Xanthotoxin

⑧ 산(Acids)

산(Acids)는 일반적으로 낮은 휘발성을 갖는다. 산(Acids)의 이름들은 '-ic acid'이 붙으며 항상 -COOH 그룹을 가지고 있다. 오일 증류 과정에서 대부분 걸러진다.

표 2-12. 산의 종류

Alantic acid	Citronellic acid
Anisic acid	Hydrocyanic acid(=prussicacid,=hydrogen cyanide)
Benzoic acid	Phenylacetic acid
Cinnamic acid	Valerenic acid

⑨ 푸란(Furans)

목지에서 얻어지는 무색의 액체인 푸란(Furans)은 산화된 성분으로 그 고리에는 산소가 존재한다. 그들은 단지 몇몇 에센셜 오일에서 발견되어진다.

표 2-13. 푸란의 종류

Butyl phthalide Butylidine phthalide Dihydrobenzofuran	ligustilide Menthofuran

⑩ 기 타

아로마 오일은 적게는 수 십가지 많게는 수 백가지의 화학물로 구성이 되어있다. 아로마 오일안에 미량의 화합물이 존재한다. 예를들어 1,8-시네올(Cineole)은 유칼립튜스(Eucalyptus) 오일의 주요한 성분이고 보통 약 80%정도의 농도로 존재한다. 그러나 만다린(Mandarin) 오일에서 1,8-cineole은 유칼립튜스(Eucalyptus) 오일에서 보다 4,000배나 낮은 0.002%가 검출되었다. 만다린(Mandarin)오일은 하나의 주요한 성분 즉 다른 터펜(Terpenes)와 함께 존재하는 D-limonene으로 구성 되는데 oil의 95% 정도를 차지한다. 그리고 5% 정도의 남은 성분들은 적어도 74개의 개개의 화합물로 구성되어 있다.

3) 주요 에센셜 오일의 성분

표 2-14. 주요 에센셜 오일의 화학성분 구성표(계속)

에센셜 오일	화학 성분 구성 (%)								주요 화학 성분
	에스테르	알데히드	케톤	세스키터펜	옥사이드	모노터펜	알코올	페놀	
일랑일랑 (Ylang ylang)	15		20		40	20			Linalool, caryophyllene, Germacrene D, geranyl Acetate, benzyl acetate, Benzyl benzoate
프랭킨센스 (Frankincense)									Pinene, phellandrene, Limonene
로만 카모마일 (Roman Chamomile)	75			4		10	30		Losbutylangelate, chamazulene
사이프레스 (Cypress)				3		75	10		Alpha pinene, 2-careen, 3-carene, 4-carvomenthol, terpinolene
주니퍼 (Juniper)				2		70			Pinene, limonene, Myrcene, sabinene, cymene, terpineol
제라늄 (Geranium)	15		6			2	63		Citronellol, geraniol, linalool, itronellyl formate, Geranyl formate
레몬그라스 (Lemongrass)		80				3	10		Citral, geraniol, neral
클라리세이지 (Clary sage)	70			3			20		Linalyl acetate, linalool, Germacene D
로즈마리 (Rosemary)			25		30	30 ~ 60			Cineole(CT), pinene, Borneol, camphor(CT)
마조람 (Marjoram)				3		30	52		Geranylacetate, myrcene, Ocimene, abinene, terpineol
파쵸울리 (Patchouli)				50	6		30		Patchoulol, bulnesene, Patchoulene, seychellene, guaiene
타임 (Thyme)						25	17	40	Thymo, Cymene, linalool

표 2-14. 주요 에센셜 오일의 화학성분 구성표(계속)

에센셜 오일	화학 성분 구성 (%)								주요 화학 성분
	에스테르	알데히드	케톤	세스키터펜	옥사이드	모노터펜	알코올	페놀	
멜리사 (Melissa)	6	50	9	20			3		Caryophyllene, geranial, Methyl heptenone, neral
페퍼민트 (Pappermint)			30			6	42		Alpha pinene, cineole, Menthol, limonene
로즈우드 (Rosewood)						75	6	6	Linalool
티트리 (Tea tree)				6	3	41	45		Terpinen-4-ol, cineole, Gamma terpinene
유칼립투스 (Eucalyptus)						76	4		Cineole, pinene, cymene
재스민 (Jasmin)	54						24		Benzyl acetate, Isophytol, benzylbenzoate, inalool, cisjasmone
시더우드 (Cedarwood)			19	50			30		Cedrene, atlantone, alpha, Beta, gamma himachaiene
페퍼블랙 (Black Pepper)									Caryophyllene, pinene, Sabinene, limonene
로즈 (Rose)	4					20	60		Stearoptene, geraniol, neral, Phenylethyl icohol, citronellol
버가못 (Bergamon)	40					30	18		Linalyl acetate, linalool
네롤리 (Neroli)	14					35	40		Linalool, linalyl acetate, Pinene, limonene, geraniol, Nerol
오렌지 (Orange)	3		5			90	10		
그레이프 프루트 (Grapergruit)						96	3		Limonene, myrcene, linalool

표 2-14. 주요 에센셜 오일의 화학성분 구성표(계속)

에센셜 오일	화학 성분 구성 (%)								주요 화학 성분
	에스테르	알데히드	케톤	세스키터펜	옥사이드	모노터펜	알코올	페놀	
레몬(Lemon)						95			
만다린 (Manaarin)						90	5		
라임(Lime)	7	13			3	70	11		
샌달우드 (Sandalwood)				10			80		

4) 에센셜 오일의 화학적 그룹별 치료작용

에센셜 오일의 화학적인 구성에 따른 인체의 치료 작용 효과는 다양하며 그 성분에 따라 치료적 특성이 나누어져 있다.

표 2-15. 에센셜 오일의 화학 구성별 치료효과

화학적 그룹	구 성	치료적 특성
탄화수소 (Hydrocarbon)	모노터펜 (Monoterpenes)	피부에 자극성, 특히 점액 표면, 방부제, 진통작용(약간), 피부위생 및 소독 효과적
	서스키터펜 (Sesquiterpenols)	항염작용(특히 azulene), 침착성,저혈압성(약간)
알콜(Alcohols)		항바이러스성, 강력한 살충제, 흥분제, 면역력 증가, 강장제
페놀(Phenols)		방부제, 항감염 효과, 진통제, 흥분제, 피부 자극성, 단기간 사용, 취급주의
알데히드 (Aldehydes)		살균제, 방부제, 항감염 효과, 항염증성, 신경계를 안정, 저혈압성, 체온감소, 순환계 자극
케톨(Ketones)		항응고성, 항바이러스성, 항감염성, 침착함, 반흔형성, 소화제, 안정제, 체온감소, 지방분해, 점액제거, 신경독성, 낙태유발, 저용량, 단기간 사용
에스테르(Esters)		항경련성, 항염증성, 항진균제, 세포재생, 균형유지(신경계)
산화물(Oxides)		점액 용해
락톤(Lactones)		광감성(phorosensitization), 해열제, 항카타르성(anticatarrhal), 안정제, 항응고제

5) 주요 에센셜 오일의 사용 금지 증상

에센셜 오일을 인체에 소량 적용 시 무해하지만 과량 사용할 시 신중해야 한다. 또한 각각의 에센셜 오일은 사용하지 말아야 할 증상들이 있다. 그러므로 증상들을 잘 파악하고 고려해서 사용되어져야 한다.

표 2-16. 주요 에센셜 오일 금기증

에센셜 오일	Note	금기증상
바질(Basil)	T	임신 중, 민감성피부 금지
버가못(Bergamot)	T	감광성, 민감성 피부
블랙페퍼(Black Pepper)	M	소량 사용
로만,카모마일(Roman, Chamomile)	M	임신초기 수개월간 금지
시나몬(Cinnamon)	B	임신 중 금지, 점막 자극,신장, 간질환에 금지
클라리세이지(Clary sage)	T	임신 중 금지, 음주시 금지, 암 환자의 경우, 호르몬계 약물 사용 시 금지
유칼립투스(Eucalyptus)	T	임신 중 금지
휀넬(Fennel)	TM	임신, 간질, 어린이에 금지
그레이프플루트(Grapegruit)	TM	광 감성
히솝(Hyssop)	M	고농도시 마취효과, 간질, 열, 임신, 어린이에 금지
재스민(Jasmin)	M	임신 시 금지
쥬니퍼(Juniper)	M	임신 5개월까지 금지, 신장병 금지
레몬(Lemon)	T	광 감성
레몬그라스(Lemongrass)	T	피부 민감성
라임(Lime)	T	광 감성
만다린(Mandarin)	T	광 감성
마조람(Marjoram)	M	임신 중 금지
멜리사(Melissa)	M	임신 중 금지, 점막 자극, 피부
오렌지(Orange)	T	광 감성
페퍼민트(Peppermint)	M	임신 중 금지, 점막 자극, 피부
파인(Pine)	T	피부 반응검사
로즈마리(Rosemary)	M	간질, 고혈압, 임신 중 금지
세이지(Sage)	M	수유 시 금지
티민(Thyme)	M	피부 점막자극, 고혈압, 임신 중 금지
일랑일랑(Ylang ylang)	MB	피부 민감, 과다 사용주의

3. 에센셜 오일의 추출

1) 에센셜 오일의 추출 부위

아로마 에센셜 오일은 꽃(Rose), 말린꽃(Clove), 잎(Peppermint), 과일(Lemon), 씨앗(Fennl), 나무(Cedarwood), 줄기뿌리(Calamus), 나무에 핀 꽃송이(Ylang ylang), 뿌리(Horseradish), 구근(Garlic), 나무껍질(Cinnamon), 풀(Lemongrasse), 고무(Frankincense) 등 식물의 다양한 부위로부터 추출되는 휘발성 향기물질로 식물의 분비샘(Gland), 털 또는 특별한 구조 속에 작은 방울의 형태로 존재하고 있으며 식물에 따라 특별한 생물학적 특성을 지니고 있다.

식물의 생명 유지에 필수적인 물질이고 그 효능도 각각의 부위에 따라 다르다. 정유의 특성은 성장조건, 기후, 시간, 재배방법, 증류과정에 따라 매우 다양하며 품질은 하루 중 어느 때 수확을 하는지에 따라 다르고 계절, 기후, 토양 등의 조건에 따라서도 다르다. 예를들어 Salvia officinalis의 α-thujone는 꽃이 피고난 후에 더욱 많이 생성 되고 Menth a prperita는 꽃이 발아 할때 수확하게 되면 더욱 많이 얻을 수 있다.

아로마 에센셜 오일은 각종 식물의 꽃, 잎, 열매, 줄기, 뿌리 등에 따라 다르게 추출되며, 추출 부위에 따라 치료 효능도 다르다.

표 2-17. 추출 부위에 따른 오일의 종류와 효능

추출 부위	효 능	오 일
꽃	성기능 강화, 항우울 작용	재스민, 네롤리, 일랑일랑, 로즈 등
꽃잎	해독 작용	로즈마리, 라벤더, 페퍼민트, 바질 등
잎	호흡기 질환	티트리, 파출리, 페티그레인, 유칼립투스 등
감귤류의 껍질	기분 전환, 원기 왕성	오렌지 스위트, 만다린, 레몬 등
열매	해독 작용, 이뇨 작용	페널, 블랙페퍼, 주니퍼 베리 등
수지	이완 작용, 호흡기 질환, 소독, 살균 작용	프랑킨센스, 몰약 등
나무	비뇨 · 생식기관 감염 치료	시더우드, 로즈우드, 샌들우드 등
뿌리	신경계 질환 진정 작용	베티버, 진저(생강), 안젤리카 등

2) 에센셜 오일 추출 방법

에센셜 오일을 추출하는 방법으로는 증류법(Distillation), 압착법(Expression), 용매추출법(Solvent extraction), CO_2추출법(CO_2 extraction) 등이 있으며 대부분의 오일은 증류법에 의해 추출된다.

(1) 증류법(Distillation)

증류법은 식물의 방향족 에센셜 오일(Aromatic essences oil)을 얻기위한 가장 오래된 1세기 기술이다. 물증류법(Water distillation)과 수증기 증류법(Steam distillation)등으로 나뉜다.

① 물 증류법(Water distillation)

식물체를 가열기 안에 넣고 물에 완전히 잠기게 한 후 끓여준다. 열에 의해 식물에서 에센셜 오일이 추출되어 진다. 이 오일은 탱크의 최상부로 올라가고 튜브로 들어간다. 튜브의 굴곡을 따라 내려가면서 증기는 식혀지고 액체형태로 형성하게 된다. 물이 충분히 포화된 에센셜 오일은 용기에 모이게 된다. 에센셜 오일 화합물은 물보다 가벼우므로, 물과 분리되어 위층으로 나뉘어 지게 된다. 예외로 Clove oil의 경우 물보다 무거워 물 아래로 분리된다.

식물체는 온전히 물로 채워져 있고 낮은 압력과 온도에서 이루어지므로, 이때 물은 과열된 상태로부터 막아주는 역할을 하여 에센셜 오일의 품질을 보호하여준다. 물증류법(Water distillation)은 네놀리(Neroli)와 장미(Rose) 같은 열에 약한 오일에 사용되고 있다. 그러나 증류시간이 너무 길므로 이 방법은 장시간 열에 의한 폭로로 인해 손상되는 에스테르(Esters)가 들어있는 라벤더(Lavender)와 같은 식물은 합당하지 않다.

② 수증기 증류법(Steam distillation)

수증기는 정유를 직접적으로 밖으로 추출해 내는 가장 일반적인 것으로 오일 추출법 전체의 80% 이상을 차지할 만큼 가장 경제적인 방법으로 여겨 왔고 널리 사용된다.

이 방법으로 이미 5,000년 전부터 이용되었던 방법이며 10세기 말 아랍의 의사인 아비센나(Avicenna, 980~1037)가 장미를 이용하여 오일을 추출하는 방법을 이용하여 재발견되었다.

수증기를 이용하여 식물의 세포벽을 깨고 아로마 오일을 추출하는 방법을 말한다. 꽃이나 잎, 줄기 같은 것을 바로 수확하거나 또 어떤 식물들은 처음에 약간 말린 다음에 증류시킨다. 식물들이 증기에 의해 뜨겁게 되면, 에센셜 오일들이 식물에서 분리되어 증발되게 된다. 증발되어 나온 작은 분자들은 증기와 함께 차갑게 식히는 관으로 들어가며, 이

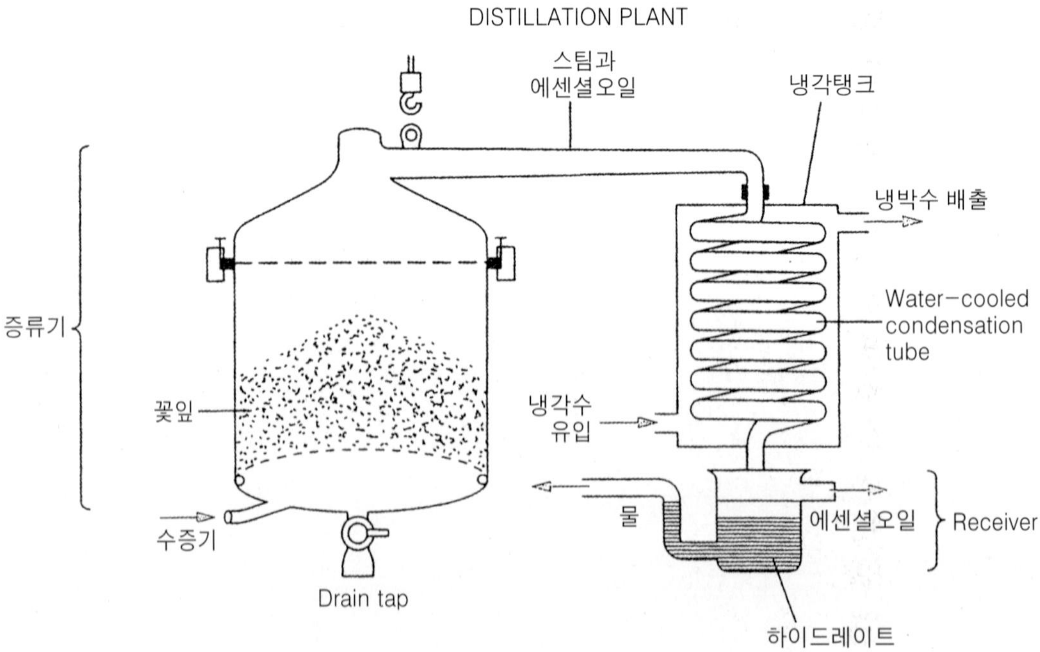

그림 2-1. 수증기증류법(Steam distillation)

관이 차가운 물통을 지나게 되어 냉각시키면 액체상태로 농축된다. 에센셜 오일은 물을 뽑아 낼 수 있는 통의 위에 뜨거나 아래에 가라앉는다. 이때 추출이 잘 되도록 하기 위해 식물의 뿌리나 잎의 경우에는 잘라서 쓰고, 씨앗의 경우에는 으깨고, 나무의 경우에는 비벼 부스러뜨린다.

수증기 증류법은 대량으로 아로마 오일을 얻어낼 수 있는 장점이 있으나 고온에서 일부 열에 불안정한 성분이 파괴되어지는 단점이 있다. 열에 의해 손상당하지 않을 수 있는 식물에 사용된다. 증류성분의 끓는점은 대개 150~300°C 정도이며 에센셜 오일이 끓는점보다 낮은 온도에서 증류되기 때문에 향료성분이 쉽게 분해 되거나 변질되지 않는다. 수증기 증류 시간은 1~48시간 사이에 이루어진다. 에센셜 오일을 충분히 추출할 수 있도록 스팀의 이상적인 온도와 기압은 가능한 한 낮추면 좋다. 만일 온도와 기압이 너무 높으면 분자가 손상됨에 따라 품질의 손실이 있을 수 있다. 정유를 추출 해 내는 시간이 오래 걸리고 추출이 비효율적이며, 고온에서 일부 오일의 성분이 변할 수도 있다는 단점이 있으며 열에 약하거나 수용성 성질을 가진 오일의 추출에는 부적합하다. 냉각과정에서 아로마의 성분이 물에 녹으면서 플로랄 워터(Floral water)가 생긴다. 이것을 하이드로졸(Hydrosol)이라고 한다. 이 방법으로 아줄렌(Azulene)을 생성하게 된다. 즉 아줄렌(Azulene)은 카모마일(Chamomile)의 자연적인 성분이 아니고 증류되는 동안 생성되어진다.

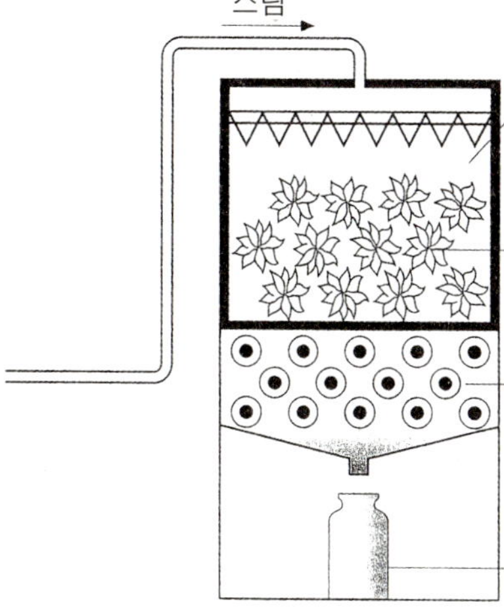

그림 2-2. 물 확산 추출법(Hydro-Diffusion)

③ Hydro-Diffusion(물확산 추출법)

물 확산 추출법(Hydro-diffusion)은 이산화탄소 추출법(Carbon dioxide extraction)보다 더 새로운 방법이며 증기추출법과 유사하다. 다른 점은 증기 추출법은 증기가 식물체 위에서 생기고 아래로 여과되는 반면에, 이 방법은 아래에서 위로 진행된다. 이 방법은 수증기를 탱크의 최상부로 통과하여 식물체를 통과하게 하는 방법이다. 그것이 아래로 내려가면서 여과되고 같은 탱크의 저부에서 식혀져 휘발성 화합물이 모이게 된다. 낮은 온도이므로 열에 의해 최소의 휘발성 노출이 되며 12~48시간에 비해 4시간의 빠른 공정으로 이루어지는 이점이 있다. 생산량도 아주 높다. 특히 나무나 나무껍질같이 쉽게 용해되지 않는 섬유물질로 된 것들에 사용한다. 결과물인 에센셜 오일은 다른 추출법으로 얻어진 것들보다 더 뛰어난 향과 색깔을 가진 것으로 보고 되어 있다.

(2) 압착법(Expression)

압착법은 감귤과실(Citrus frults)의 껍질에서 발견되는 방향족 화합물(Aromatic compounds)를 추출하기 위해 사용된다. 예를 들면 자몽, 버가못, 레몬, 오렌지 등의 과실의 껍질에서 추출하는 오일은 열에 매우 약하므로 열이나 수증기를 가하지 않고 식물에 일정한 압력을 가하여 추출하는 방법이다. 즉, 감귤류의 식물들을 수증기 증류법(Steam distillatim)이나 용매 추출법(Solvent extaction) 등 다른 방법을 이용할 시에는 좋은 오일을 얻을수 없다. 우선 감귤류의 에센셜 오일은 껍질속 작은 알맹이 속에 있어서 과실의

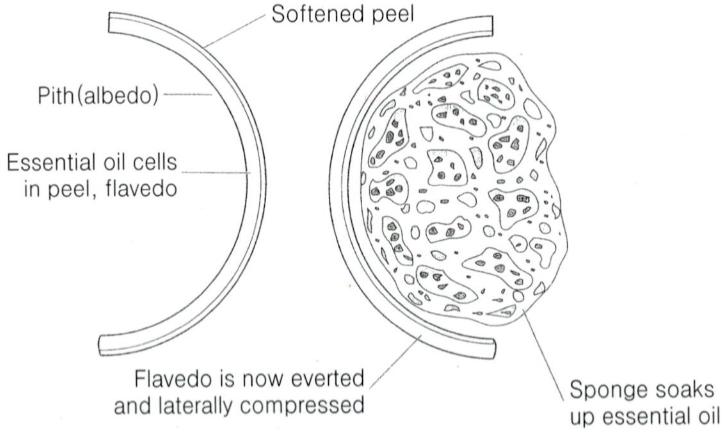

그림 2-3. 스폰지 방법(Sponge method)

껍질을 잘게 썰어서 약간의 물과 함께 섞은 후 기계를 이용해 알맹이를 짓이겨서 즙을 짜낸다. 여기서 나오는 액을 모아 일정한 시간 동안 보관 후 원심분리기를 이용해 물과 오일로 분리한다. 레몬(Lemon), 오렌지(Orange), 버가못(Bergamot) 같은 에센셜 오일을 추출하는데 적합한 방법이다. 압착을 할 때 향기 성분이 일부 파괴되는 것을 막기 위해 감귤류 껍질을 보통 냉각한 후 압착하고 있기 때문에 "냉각 압착법"이라고도 한다.

① 스폰지 방법(Sponge method)

첫 번째로 과실을 반으로 나누고 과실 속을 제거한다. 껍질은 온수에서 부드럽게 만들고 공기 중에 말린다. 스폰지 위에 과실들을 짓이기면서 에센셜 오일이 흡수되게 한다. 에센셜 오일이 흡수되어 있는 스폰지를 짜내고 위의 상층부를 분리해내는 방법이다. 약 1930년경 까지는 알려져 있는 방법으로 오일이든 과실을 스폰지위에 손으로 쥐어짜서 스폰지에 삼투되었을 때 오일을 짜 낸다. 전문적인 기술자는 껍질에서 모든 오일을 얻는데 가장 적당한 양의 압력을 낼 수 있다. 그러나 이 과정은 노동력과 관련되어 있어 다소 비용이 들기 때문에 지금은 작업이 기계에 의해서 이루어지고 있다.

(3) 용매 추출법(Solvent extraction)

용매 추출법은 휘발성 또는 비휘발성 용매를 이용하여 오일을 추출하는 방법이다. 식물의 재료에 휘발성 용매인 석유 에테르(Petroleum ether), 에테르(Ether), 핵산(Hexane), 에틸 알코올(Ethyl acohol), D. P. G, D. E. P 등을 이용하거나 아니면 비휘발성 용매 동물성 지방등을 이용한다. 열에 의한 증류방법으로 추출되지 않은 아주 정밀하고 적은 양의 에센셜 오일을 가진 식물에 사용된다.

① 비휘발성용매 추출법

동·식물의 지방유를 이용한 추출법으로 온도를 가하지 않는 냉침법(Enfleurage)과 가온을 해주는 온침법(Maceratim)이 있다. 고대 이집트 시대에도 이용되었을 만큼 오래된 방법이지만 현재는 몇몇 경우를 제외하고는 거의 사용하고 있지 않다.

A. 냉침법(Enfleurage)

이 방법은 동,식물성지방을 이용하여 에센셜 오일을 추출해 내는 방법이다. 냉침법(Enfleurage)는 "en"올리다와 fleurage 꽃의 합성어로 "꽃을 올리다"라는 의미이다. 과거부터 많이 사용되어온 전통적인 방법이었으나 오늘날에는 그다지 많이 사용되고 있지 않다.

먼저, 동물성지방 또는 식물성오일을 유리, 새시(Chassis)로 제작된 시트에 펴서 발라둔다. 이른 아침에 만개된 꽃을 모아서 제작된 시트 위에 발라져 있는 지방성 매질 위에 에센셜 오일이 녹을 수 있도록 12~24시간 동안 펼쳐놓습니다. 일정한 시간이 지난 후 꽃을 거둬내고, 개화된 꽃을 계속 수확하여 제작된 시트 위에 교체한다. 에센셜 오일이 포화되고 지방성 매질이 사라질 때 까지 올려놓는다. 이때, 꽃과 지방유가 합쳐진 상태인 단계를 포마드(Pomade)라고 한다.

다음으로 포마드(Pomade)를 에탄올과 같은 알코올 용매를 섞어 지방이 녹을 수 있는 온도 하에 휘져어 둔다. 에센셜 오일은 알콜 속에서 지방과 분리된다. 그 후 온도를 내려주면 용액이 굳어지고 이 침전물은 식물의 찌꺼기로 단지 알콜을 많이 갖고 있는 에센션오일을 남기게 된다. 다음 여과로 극저온에서 알코올을 증발시키고 순수한 에센셜 오일인 앱솔루트(Absolute)만 남게 된다.

이방법에 의해 얻어지는 포마드의 경우 소량의 식물성 왁스(Plant waxes)와 비휘발성오일로 구성되어 있다. Pomade No 36이라는 것은 36회 흡수 조작을 반복하여 얻은 고농도의 포마드라는 것을 의미한다. 재스민(Jasmin)의 경우 Pomade No 36를 얻는데 8~10주간이 필요하다.

재스민(Jasmin)은 꽃을 딴 후에도 수일간은 여전히 생리 기능을 가지고 있어서 냉침법을 사용하면 천연에 가까운 꽃 향기를 얻을 수 있다. 예로부터 포마드는 그대로 향수 또는 정발제와 같은 두발화장품으로 쓰였지고 있다. 재스민(Jasmine), 로즈(Rose)의 꽃에서 에센셜 오일을 추출할 때 사용되나 시간이 너무 많이 소비되므로 오늘날 거의 사용되지 않는다.

B. 온침법(Maceration)

이 방법은 냉침법(Enfleurage)과 흡사하다. 일부 식물 재스민(Jasmin), 장미(Rose)의 꽃잎을 채집 후 향기물질이 증가하고 남아있으나 네롤리(Neroli), 일부의 장미(Rose)는 채집 후 곧 향기 물질이 파괴되기에 단시간에 향기물질을 추출하여야 한다. 이

때 온침법이 이용된다. 동·식물성 지방유를 가열하여 60~70℃로 유지시킨 후에 여기에 식물의 꽃잎을 넣어 일정한 시간동안 방치한다. 그리고 다른 꽃잎으로 교체한다. 이렇게 여러번 반복하다보면 지방유는 향기물질의 포화 상태가 된 Pomade 형태로 바뀐다. 냉침법과 마찬가지로 용매를 이용해 향기물질을 얻어낸다.

C. 현대 유기 용매 추출법(Modern solvent extraction)
이 방법은 지방성 매질이 있는 시트 대신에 헥산(Hexane)을 용매로 이용한다. 유기용매 추출법은 로즈(Rose)와 재스민(Jasmin)을 생산할 때 사용한다.

② Solvent extraction(휘발성용매추출법)

로비퀴트(Robiquet)에 의해 처음으로 응용된 추출법으로이다. 식물의 꽃에 헥산(Hexane)과 석유에테르(Petroleum)같은 휘발성 유기 용매에 첨가하여 일정기간 냉암소에서 침적시킨 후 향기 성분을 녹여내는 방법으로 솔벤트(Solvent)법이라고도 한다.

석유에테르 용매로 정유 성분을 우려낸 후 농축하면 보통 왁스(Waxes)가 함유된 고형물질이 얻어지는데, 예를 들어 꽃이나 다른 기초 물질을 병에 담아 용매로 넣고 그 위에 전기 플라스크 담요 같은 전기수단으로 향이 추출될 수 있도록 서서히 열을 가하면 자연 왁스와 향이 배인 용액이 추출되고 콘크리트(Concrete)가 형성된다. 콘크리트(Concerete)에 에틸알코올(Ethyl alcohols)을 가하면 왁스(Wax)는 녹지 않고 아로마 오일만 녹는다. 여과기를 통해 왁스를 제거하고 농축시키면 에틸알코올에 용해되는 성분인 아로마 오일만 남게 되는데, 이를 앱솔루트(Absolute)라 한다.

이 방법을 이용하면 대개 재스민, 장미와 같이 아로마 오일의 함량이 매우 적은 식물 등에서 아로마 오일을 효율적으로 추출할 수 있다. 그러나 최종으로 얻어진 앱솔루트에 소량의 유기용매가 잔존할 수 있는 단점을 가지고 있으며 수증기 증류법과 비교했을 때 숙련된 기술이 필요하며 비용이 많이 들기 때문에 고급 에센셜 오일 추출에 이용된다.

(4) CO_2 추출법(CO_2 extraction)

지난 십년간 탄산가스(CO_2)에 의한 추출 방법이 개발된 새로운 방법이다. 탄산가스는 온도와 압력에 의해 기체 또는 액체일수 있다. 즉 공기 중에 기체 상태로 존재하는 이산화탄소를 저온·고압 상태로 두면 액체로 변하게 되고 더욱 온도를 내리고 압력을 높이게 되면 고체로 변하게 된다.

CO_2추출법은 저온에서 추출이 가능하기 때문에 열에 매우 약한 향기 성분을 파괴시키지 않고 그대로 추출할 수 있으며, 또한 기존의 헥산(Hexane), 석유 에테르(Petroleum ether) 대신 대기압 하에서 쉽게 기체로 변하는 이산화탄소를 사용하기 때문에 잔류 용매를 거의 남기지 않는다. 경제적으로 비용이 많이 드는 단점이 있지만 성분의 파괴가 거의 없을 뿐 아니라 용매를 완벽하게 제거할 수 있어 고순도의 질좋은 아로마 오일을 추출하는데 사용되고 있다.

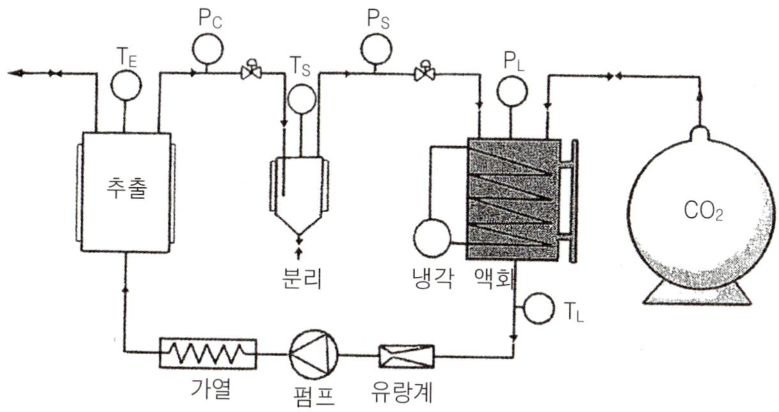

CO_2 추출법

그림 2-4. CO_2 추출법(CO_2 extraction)

4. 에센셜 오일의 블렌딩

아로마 오일은 한 종류만 사용했을 때보다 그들이 가지고 있는 특유의 성질을 이용해 각각의 오일을 블렌딩했을 때 시너지 효과가 월등하다. 아로마 오일을 이용할 때 적당한 비율의 배합은 효능과 직접적인 관련이 있을 만큼 매우 중요하다.

에센셜 오일을 혼합한 것은 새로운 오일을 창조함으로써 다양한 효과 및 치료법을 만드는 것이다. 아로마 오일은 그들 자신의 성질과 함께 불균형뿐만 아니라 다른 것들의 성질과 불균형을 전달 할 수 있다. 만약 아로마 오일들을 섞는다면 신중해야 한다. 예를 들어 바질(Basil)이 불안한 정서를 도와줄 수 있고 생강(Ginger)은 부진한 순환을 도와 줄 수 있다. 바질(Basil)과 생강(Ginger)을 혼합하면 부진한 소화에 도움을 줄 수 있다.

블렌딩 할 때는 3~5가지 오일을 사용한다. 너무 많은 에센셜 오일을 혼합하면 역효과가 있을 수 있으므로 금하는 것이 좋다. 블렌딩의 목적은 같은 효능을 가진 두가지 오일일 경우에도 혼합을 하면 상승효과를 발휘하므로 효과를 높히기 위함이 첫째이고 치료효과의 선택적인 폭을 넓히는 것, 좋은 향을 선택하는 것 등이다. 만약 여러 가지 에센셜 오일을 섞을 필요를 느끼지 않으면 하나의 에센셜 오일만 사용하는 것이 좋다.

1) 블렌딩 방법

(1) 좋아하는 향에 우선순위를 두는 경우

에센셜 오일의 선택 시 향의 선택이 중요하다. 왜냐하면 향에 의해 다른 에센스 오일을 더욱 강화하거나 균형을 잡거나 조화 시킬 수 있기 때문이다. 즉 마음을 끌어당기는 조화

되는 향은 몸의 다른 효과를 느낄 수 있도록 열어주고 건강을 촉진 시킬 수 있는 마음과 기분으로 조절될 수 있는 중요한 역할을 한다.

① 같은 식물종의 에센셜 오일을 블렌딩하면 대체로 무난하다.

- 꿀풀과(Labiatae) 계열 : 바질(Basil), 클라리세이지(Clary sage), 라벤더(Lavender), 마조람(Marjoram), 페퍼민트(Peppermint), 로즈마리(Rosemary)
- 운향과(Rutacea) 계열 : 버가멋(Bergamot), 레몬(Lemon), 오렌지(Orange)
- 소나무과(Pinaceae) 계열 : 시더우드(Cedarwood), 파인(Pine) 등

같은 계열내에서는 가령 바질(Basil)과 라벤드(Lavender)는 잘 어울리고, 잘 섞이고, 효과도 좋다.

② 상향(Top note), 중향(Middle note), 하향(Base note)를 균형있게 조합하면 균형 있는 향이 만들어진다.

(2) 치료 목적에 우선을 두는 경우

환자나 고객을 먼저 만나 상담하고 난 후 치료할 수 있는 에센셜 오일을 선택해야 한다. 환자의 치료 목적과 에너지 균형을 잘 연결시킬 수 있는 에센셜 오일을 혼합하는 것이 목적이다. 첫째로 환자에게 보여 지는 중요한 증상(들)을 잘 파악하고 둘째로 환자의 육체와 정신, 감정 또는 생리적인 것, 정신적인 것에 주의를 기울여야 한다.

환자를 위한 에센셜 오일 선택 방법

- 환자를 치료하기 위한 증상 중 가장 우선적으로 치료할 첫 번째, 두 번째, 세 번째 증상들을 정하라. 에센셜 Profiles 참조하여 이에 적합한 2~3가지 에센셜 오일을 선택하라. 적어도 상향(Top note) 그룹과 중, 하향(Base, middle)을 고려하여 선택하라.
- 리스트를 보고 증상들에 좋은 에센셜 오일을 다시 확인하라. 그리고 그것을 적어둬라.
- 둘째, 셋째조건 둘 다 좋은지 리스트를 보고 다시 체크하라.
- 환자의 체질, 에너지상태, 심리상태 등의 조건을 만족할 수 있는 오일을 선택하라.
- 리스트를 검토하고 다시 점검한다.
- 캐리어 재료를 선택하라. 마사지를 위해 적절한 캐리어 오일 또는 오일을 선택하라.
- 희석하고 각 선택된 오일들을 혼합하라.
- 향기를 체크하라. 환자의 피부에 도포한 후 향기를 체크하라. 만약 만족하지 않으면 혼합 하기 전에 에센셜을 교체하라. 혼합된 에센셜 오일이 환자의 마음에 흡족하게 하는 것이 매우 중요하다.

2) 블렌딩 비율

에센셜 오일의 블렌딩 비율은 일반적으로 2%~5% 정도로 블렌딩하여 사용한다. 전신에 사용하거나 얼굴에는 3% 이상은 사용하지 말아야 한다. 제라늄 오일은 매우 강하므로 2% 이상은 사용하지 말고 어린이들에게는 1%로 희석하여 사용해야 한다. 즉 마사지 오일은 에센셜 오일의 비율은 2.5%이다. 예를 들면 캐리어 오일 2ml에 1방울, 12ml에 6방울, 50ml에 25방울의 비율로 혼합된다.

안면 마사지 오일(Facial massage oil)은 안면 피부는 더욱 민감하거나 모세혈관이 파괴될 수 있기 때문에 혼합 에센셜 오일 농도를 1~1.25% 정도 사용하는 것이 좋다.

안면 마스크를 적용 시 2g에 1방울, 국소형 습포 사용시 250ml의 따뜻하거나 차가운 물에 4~5방울을 떨어뜨리면 된다. 흡입하거나 증발용으로 사용시 뜨거운 물 500~1,000ml에 8~10방울, 안면 스팀을 위해 3~6방울을 첨가하면 적당하다.

실내 증발용으로는 버너안에 4~6방울, 스프레이로 사용 시 100ml에 10방울, 전신욕 시에 민감한 피부의 경우 3~12방울이지만 전신욕탕의 면적에 따라 감소 할 수 있다. 족욕 또는 수욕시 2 l 에 3방울 정도 첨가하는 것이 좋으며 좌욕 시 1 l 에 6~10방울 또는 5방울 이하로 제한해야 한다. 샴푸시 샴푸 100ml에 25방울 떨어뜨리면 된다. 구강세척시 100ml 정수에 3방울을 떨어뜨려 음식을 먹은 후 3번 정도 가글 하면 된다.

에센셜 오일은 반드시 황갈색이나 푸른색과 같은 색깔 있는 유리병에 보관해야하며 뚜껑을 꼭 닫아 두어야한다. 어둡고 서늘한 장소에 보관하며 냉장보관은 하지 않는다. 플라스틱 병을 사용해서는 안되는데 이는 플라스틱이 향을 흡수하기 때문이다.

3) 블렌딩 계산법

에센셜 오일의 측정 시 방울계산법(Drop method)를 이용할 수 있다. 사용하는 방울의 수는 계산하는 병의 크기의 반에 해당한다(50ml=25drops). 이 방법은 3% 이하에서만 가능한 방법이다. 1티 스푼(ts)에는 2~3방울을, 1 테이블 스푼(TS)에는 7~8방울을 더하면 된다. 일단 블렌딩한 오일은 3~6개월간 유효하며 호호바 또는 증류된 코코넛 오일을 쓴 경우에는 좀더 오랜기간 사용할 수 있다. 향을 오래 간직할수록 좋은 오일이다. 유효 기간이 지나면 오일은 뚜껑 주위에서부터 결정되기 시작하여 향이 없어지게 된다. 2.5% 3%, 4%로 희석하기 위한 방울 수를 계산하기 위해 사용할 수 있는 공식은 다음과 같다. 에센셜 오일 20방울은 1ml에 해당한다.

- 20방울 × 블렌딩하려는 양 또는 병의 용량을 곱한다. 예를 들어 병의 용량이 60ml에 해당되는 방울 수는 20방울× 60ml = 1,200방울이다. 즉 60ml 안에는 1,200방울이 채워질 수 있다(2.5× 1/100× 1,200 = 30방울).

· 60ml의 2.5%를 원할 경우 = 2.5 × 1,200 ÷ 100 = 30방울의 에센셜 오일을 사용하면 된다.
· 60ml의 4%를 원할 경우 = 4 × 1,200 ÷ 100 = 48방울을 사용하면 된다. 즉 60ml에 48방울을 사용하면 4%가 된다.

5. 캐리어 오일

1) 캐리어 오일이란?

"Carrier"란 이동을 시키는 도구의 의미로서 에센셜 오일을 인체에 침투시키기 위한 식물성 오일을 의미한다. 아로마 에센셜 오일은 농축된 오일이므로 희석시켜서 사용할 수 있는 오일이 필요하다. 이때 사용되는 식물성 오일을 캐리어 오일(Carrier oil)이라고 한다.

캐리어 오일(Carrier oil)은 식물의 꽃, 씨, 열매 등에서 추출되며 1차 냉각 압축법으로 추출한 100% 천연오일로 구성되어있다.

상온에서 모두 액상으로 존재하며 천연의 글리세롤과 지방산(Fatty acid)의 에스테르 화합물이다. 캐리어 오일에는 있는 지방산은 인체 내에서 생성을 하지 못하므로 외부에서 흡수 해야 하며, 만약 흡수가 부족하면 인체는 간 기능의 약화, 피부 예민, 알러지, 기타 질병이 발생한다. 캐리어 오일은 분자가 커서 흡수 속도가 느리다.

2) 캐리어 오일의 종류

① 아몬드 오일(Almond, Sweet : Prunus amygdalis))

중앙아시아, 중동, 미국과 일본에서 많이 생산된다. 담황색이며 적은 악취가 난다. 성분은 Vt. D, E, 리놀레산(Linoleic acid) 26%, 소량의 포화지방이 구성되어 있다.

모든 피부타입에 적용이 가능하고 건성 피부, 거칠고 갈라지는 피부에 사용한다. 콜레스테롤 수치를 낮추는 효과가 있다. 가려움, 건조, 습진, 태양노출, 자극에 좋다.

향기 요법에 가장 좋은 마사지 오일이다. 그러나 견과류 알러지가 있는 사람은 확인하고 사용하는 것이 좋다. 비교적 가격이 저렴하고 좋은 오일이다.

② 코코넛(Coconut : Nucifera)

원산지는 남아시아, 동인도, 남아메리카, 아프리카에서 많이 생산되며 색깔은 희고, 실온에서 악취가 없다.

③ 옥수수 오일(Corn oil : Zea mays)

아메리카 인디언에서 경작되어지고 있으며 밝은 금색으로 리놀레산(Linoleic acid), Vt. E(6%)로 구성되어 있다. 모든 피부타입에 적용이 가능하고, 방부 역할도 있다.

④ 포도씨 오일(Grapefrult oil : Vitis umnifera)

지중해와 중동 등이 주 원산지이고 차고 약간 초록빛이 도는 어두운 색깔이다. 포도씨를 말린후 갈고, 가온 압착 추출한다. 비타민, 무기질, 단백질, 다량의 리놀렌산(Linoleic acid)을 함유하고 있다. 매우 가벼운 느낌으로 지성, 여드름 피부에 적합하다. 수분 유지제(Emollient)로 사용한다.

⑤ Hazelgut oil(Corylus auellana)

지중해, 유럽, 북아메리카, 아시아에서 재배되며 올레산(Oleicacid) 71~80%, 리놀레산(Linoleic acid) 7~18%, Vt. A, B, E로 구성되어 있다. 모든 피부에 적용가능하며, 건성피부에 적합하다.

⑥ 올리브 오일(Olive : Olea europa)

지중해연안, 캘리포니아에서 주원산지로 식품에도 사용되어 진다. Hippocratcs는 올리브기름으로 마사지를 처방했다. 녹색 빛이 도는 밝은 노란색으로 거의 무색이다. 올레산(Oleic acid) 60~85%, 리놀레산(Linoleic acid) 9~14%, 리놀렌산(Linolenic acid) 1%, 항산화제인 Vt. E, 폴리페놀(Polyphenols)로 구성되어 있다. 피부자극, 피부염, 건성, 화상에 효과적이다.

⑦ 해바라기 오일(Sun flower oil : Helianthus annuus)

미주, 서쪽유럽, 러시아와 동쪽의 유럽에서 경작되어지고 있다. 노란색이고 올레산(Oleic acid) 15~25%, 리놀레산(Linoleic acid) 62~70%으로 구성되어 있다. 피지와 비슷한 성질로 손상된 머리카락에 효과적이다. 일반적인 마사지 오일로 사용시 경제적이다.

⑧ 아보카도 오일(Avocado oil : Persea amencana)

미국의 남쪽이 원산지로 Vt. D와 레시틴(Lecithin)으로 구성되어 있다. 건조, 갈라진 피부에 사용하며 겨울철 피부가 갈라질 때, 립스틱 제조에 사용한다. 노인의 가려움증에 잘 적용되어 노화피부와 손상되기 쉬운 피부에 재생효과가 있다. 아보카도 오일은 침투력이 좋고 부드러우며 피부에 수분을 공급하여 보호기능이 뛰어나다.

⑨ 살구씨 오일(Apricot and Kernel oil)

지중해 연안이 원산지로 아주 가벼운 느낌의 미세한 오일이다. 올레산(Oleic acid) 55~75%, 리놀레산(Linoleic acid) 13~30%, Vt. E로 구성되어 있다. 복숭아씨에서 추출한다. 건성, 염증피부에 효과적이다. 약간 지성 타입에 적당하다. 민감성, 여드름에 효과적이다.

⑩ 보리지 오일(Borage oil : Borge officina-lis)

유럽의 star flower로 알려져 있으며 식물유의 GLA(8~25%)가 가장 많다. 리놀레산(Linoleic acid) 30~40%, 올레산(Oleic acid) 15~20%, 팔믹산(Palmitic acid) 9~12%로 구성되어 있다. GLA는 피부세포벽을 구성 하며 수분을 유지하는 피부에 핵심적인 물질이다. 노화 피부와 염증피부에 효과적이다. 주름완화, 수분 보, 습진, 건선에 사용한다. 보리지 오일은 빛, 열, 습도, 공기에 불안정하여 어둡고 찬 곳에 보관한다. 개봉 후 2개월 이내에 사용한다.

⑪ 조조바 오일(Jojoba oil : Simmondsia chinensis)

캘리포니아와 멕시코(Baja)의 사막이 주 원산지로 액체왁스(Liquid wax)라고도 한다. 다년생 콩과 식물인 호호바에서 추출하는 노란 액상으로 씨를 으깨면 다량의 왁스 에스테르인 호호바 오일이 만들어진다. 피지와 유사한 화학 조성을 갖고 있고 콜라겐과 유사한 밀랍같은 물질로 피지 분비 불균형에 사용한다. 모든 피부타입에 사용하며 침투력이 매우 높아 피부에 좋다. 염증과 세균에 대한 억제능력이 있다. 관절염, 건선, 습진, 여드름에 좋다.

⑫ 마카다미아 오일(Macadamia nut oil : Macadamia termifolia)

호주(오스트레일리아)와 하와이에서 경작되며, 가벼운 악취와 가벼운 느낌이 나는 오일이다. 올레산(Oleic acid) 54~63%, 팔미톨렌산(Palmitoleic acid) 16~23%으로 구성되어 있다. 호주 원산의 나무 과육을 냉압착으로 추출한다. 피부의 온도를 높여주고 특이하게 어린이 피지(Sebum)에서 발견되는 팔미톨렌산(Palmitoleic acid)을 함유하여 피부 노화 억제 탁월하다. 팔미톨레익산은 노화피부에는 감소하는 물질로 피부를 촉촉하게 한다. 잘 산패되지 않아 보존성이 좋으며 건성피부, 노화피부에 적합, 저자극성, 땀구멍을 열어준다.

⑬ 로즈힙 오일(Rose hip oil : Rosa rubiginosa)

남아메리카 안데스산지가 주 원산지이며 금색의 붉은색으로 가벼운 느낌이 나는 오일이다. 안데스 칠레, 페루에 자생하는 들장미 열매(Hip) 건조 후 씨에서 추출하는 오렌지색의 오일이다. 레티놀, 비타민 C, 함유하여 잔주름, 잡티, 여드름. 화상상처, 방사선 치료로 인한 피부 손상에 사용한다. 뛰어난 피부 미용효과로 고급 화장품의 원료로도 사용한다. 출산 후 배 튼살(Stretch mark) 예방 등에 아보카도 오일이나, 칼렌듈라 오일과 블렌딩하여 사용한다. 화상, 습진, 상처 입은 손상된 조직을 재생 시킬 수 있는 오일이다.

표 2-18. 주요 캐리어 오일의 특성

캐리어 오일 종류	효 능	특 성
그레이프 씨드 (grape seed)	· 모든 피부 · 무향, 침투력 우수, 가벼운 느낌 · 약간의 피부 토닝 효과	콜레스테롤이 없으며 유분이 가장 적은 캐리어 오일로, 대단히 가볍고 냄새가 없으며 피부에 쉽게 스며든다. 비타민, 미네랄이 풍부하고 수렴 효과가 있어 여드름이 많은 지성 피부에 사용하면 좋다.
스위트 아몬드 오일 (sweet almond oil)	· 모든 피부타입에 적합 · 습진, 가려움, 염증, 따가움, 건조에 좋음 · 매끄러우나 흡수가 잘 되지 않음 · 쉽게 산화됨 · 마사지 오일이나 보호제로 우수	가려움, 피부 건조, 염증성 질환에 효과적이다. 에센셜 오일의 침투력을 높여주기 때문에 부 마사지용으로 많이 사용된다.
아보카도 오일 (avocado oil)	· 흡수력이 우수 · 건성, 탈수, 습진 피부에 효과적 · 매우 끈적이고 무거운 느낌 · 다른 오일과 잘 섞임	비타민이 풍부하며, 피부 건조, 탈수 현상 완화, 습진성 피부에 효과적이다.
살구씨 오일 (apricot kernel oil)	· 모든 피부에 적합 · 매우 끈적이며 영양이 풍부 · 조기 노화, 예민, 건성피부에 적합	주름살 제거, 소염 작용, 건성 피부에 좋다.
윗점-맥아 (wheat germ oil)	· 건조하고 갈라진 피부 · 습진, 건선, 조기노화, 튼살에 효과적 · 항산화제	비타민 A, B, E가 풍부해 항산화 효과가 있고 오일의 부패방지용으로 사용한다. 건성 피부나 알레르기성 피부에 효과적이며, 조직을 재생시키고 피부의 탄력을 높여준다. 무거운 오일이며, 강한 냄새가 난다. 캐리어 오일로 이용할 때는 소량 사용한다.
조조바 오일 (jojoba oil)	· 피지 성분과 유사하여 흡수력이 좋다. · 영양 공급 우수 · 염증, 건선, 피부염에 우수 · 류마티즘, 관절염에 많이 사용	실제로는 왁스(wax)이며, 따라서 부패하지 않는다. 습진 개선, 여드름 치료 등에 사용되고, 때로는 땀구멍 등을 막지만, 피부에 영양을 주고 부드럽게 해준다. 모발 관리에 가장 효과적이다.
헤즐 넛 오일 (hazelnut oil)	· 가벼운 수렴 효과 · 지성이나 복합성, 아크네 피부의 베이스오일로 적합	피부 보습, 영양 보충 효과뿐 아니라 수렴 작용을 해 넓어진 모공을 수축시키는데 좋다. 콜드 크림, 마사지 오일, 베이비 오일, 립스틱 등을 만들 때 쓰인다.

⑭ 윗점 - 맥아 오일(Wheatgerm oil : Triticum sativum)

밀의 싹에서 추출되는 에센셜 오일로 파이토스테롤(Phytosterols), Vt. B와 레시틴(Lecithin)이 함유되어 있다. 냄새가 강하고 사용감이 무거워 다른 캐리어 오일과 혼합하여 사용한다. 건성, 노화, 손상된 피부에 효과적이고 피곤한 근육을 위한 스포츠 마사지시 에센셜 오일의 섞어 사용한다.

⑮ 세인트 존스 워트 오일(Saint John's wort : Hyporium perforatum)

성요한의 풀이라고 하는 허브의 노란 꽃을 버진 올리브유에 담가 강한 햇빛에 쪼이면 플라보노이드아 색소 하이페리신이 증가한다. 항염증 작용과 흥분한 신경을 완화하는 효과가 있어 신경통, 좌골 신경통, 화상, 타박상에 사용한다. 하이페리신 성분은 우울증에 효과가 있어 독일에서는 추출물을 우울증 치료제로 사용한다.

6. 하이드로졸(Hydrosol)

플로랄 워터는 에센셜 오일을 증류 추출하는 과정에서 얻어지는 수용성 물질 히드로졸(Hydrosol)을 일컫는 말로, 쉽게 말해 정유의 부산물이라 할 수 있다. 하이드로졸(Hydrosol)은 꽃물이나 하이드레이트(Hydrolat)라고 알려져 있다. 하이드로졸(hydrosol)은 hydro는 물, sol은 용액을 의미한다.

추출과정에서 나온 물은 수용성 식물성분 뿐만 아니라 극소량의 에센셜 오일도 포함하고 있다. 에센셜 오일의 특성을 그대로 갖고 있으며 방향물질이 함유되어 있다. 진정, 소염, 수렴 작용을 하는 안전한 화장수로 주로 토너(Toner)로 사용된다. 하이드로졸(Hydrosol)은 향과 부분적인 효과를 제공한다. 하이드로졸(Hydrosol)은 부드럽고 안전하기에 어린이나 노인에게 사용하면 좋다. 순간적으로 차갑거나 뜨거운데 노출되었을 때, 피부 자극(Skin irritations)을 완화시킬 때, 씻거나, 상쾌해 지고 싶은 누구에게나 쓰여 질 수 있다. 피부를 촉촉하게 하고 신경을 안정시키며 화를 가라앉혀 준다.

현재 다양하게 쓰이는 하이드로졸(Hydrosol)이 많이 나와 있는데, Rose water나 Orange water가 가장 널리 쓰여 지고 있다. 이런 하이드로졸(Hydrosol)은 공간이나 얼굴에 수분을 공급하기 위해 미스트(Mister) 안에 넣어 쓸 수 도 있다. 하이드로졸(Hydrosol)은 완벽하게 산성과 균형을 이루기에 피부 관리에 아주 좋다. 무균성이며 염증을 막아준다.

표 2-19. 하이드로졸의 종류 및 특성

플로랄 워터	특 성
카모마일 워터 (Chamomile Water)	염증이나 민감성 피부에 탁월한 효과를 보며 아기들에게도 안심하고 사용할 수 있는 안정적인 워터이다. 햇빛에 그을린 피부를 진정시키고 코 점막의 증상을 완화시키기도 한다. 잠이 오지 않을 때 사용하면 숙면에 도움을 준다.
멜리사 워터 (Melissa Water)	예민한 피부를 부드럽게 하는 작용이 뛰어나며 진정 효과가 높다.
로즈마리 워터 (Rosemary Water)	처지고 피곤하며 생기를 잃은 피부를 자극해 활성화 시키며, 마른버짐이나 가려움증 등 피부 트러블에 효과가 있다. 순환개선, 수렴 작용 효과도 있다.
로즈 워터 (Rose Water)	진정 작용이 뛰어나고 지친 피부를 활성화 시키며, 거칠고 건조한 피부에 영양과 수분을 공급해 매끄럽고 생기 있는 피부로 되돌려 준다. 모든 피부 타입에 잘 맞고 수렴 효과가 뛰어나며 특히 염증성, 민감성 피부에 좋다. 눈이 아프거나 자극을 받았을 때 거즈에 로즈 워터를 떨어뜨려 눈꺼풀 위에 올려놓으면 증상이 호전된다.
라벤더 워터 (Lavender Water)	라벤더 오일처럼 다양하게 사용되며 모든 피부 타입에 다 사용할 수 있다. 피부 진정 효과가 뛰어나 햇빛에 그을린 피부나 면도 후 손상된 피부를 진정시키는 데도 탁월한 효과를 가지고 있으며 습진, 건선, 염증성 피부에도 도움을 준다. 심리적으로 불안한 상태를 진정시키는 데도 이용되며 호흡기 감염에도 효과가 있다.
네롤리 워터 (Neroli Water)	건성 피부, 민감성 피부에 좋고 섬세한 향기가 안정감과 편안함을 가져다준다.

7. 에센셜 오일 사용시 주의사항

1) 일반적인 주의사항

① 에센셜 오일 사용 시 희석하지 않고 원액을 피부에 직접 적용은 피하는 것이 좋다. 민감성 피부를 제외하고 라벤더(Lavender)와 티트리(Tee tree)는 화상, 벌레 물린데 여드름, 피부발진에 소량 사용하면 치료 효과를 볼 수 있다.

② 사용하기 전에 미리 테스트를 한다. 합성 향에 민감한 사람도 순수 오일사용이 가능하고, 캐머마일(Chamomile) 차에 민감한 사람이라도 오일사용이 가능하다. 오일을 사용하기 전에 캐리어 오일(Carrier oil)에 2% 희석하여 오일로 목 뒤나 팔 안쪽에

피부 알레르기 테스트를 해본다. 24시간 뒤 피부과 붉어지거나 가려우면 더 희석해서 사용하거나 다른 오일로 대체한다.

③ 용량을 정확하게 지켜야 한다. 지나치면 피부염증, 두통, 메스꺼움 등과 감정 변화 같은 심리적 현상이 나타날 수도 있다. 부작용이 나타날 가능성이 높아진다.

④ 감광성(感光性)에 주의한다. 감귤류 오일은 색소 침착의 우려가 있다. 감광성에 가장 주의해야 하는 오일은 버거못(Bergamot)이고 그 다음으로는 라임(Lime), 오렌지 스위트(Orange sweet), 레몬(Lemon), 그레이프프루트(Grape fruit) 순이다. 감광성 오일은 주로 밤에 사용하고, 자외선 노출은 사용 후 6시간 지난 후가 바람직하다.

⑤ 오일을 다양하게 사용한다. 짧게는 3주, 길게는 3개월 이상 같은 오일을 사용하지 않는다. 2주~3개월마다 현재 사용하고 있는 것과는 다른 오일들로 블렌딩한 것으로 바꾸고, 여의치 않으면 1주일 이상 휴지기를 갖는다. 이는 간이나 신장에 독성이 축적되는 것을 막기 위해서이다.

⑥ 모든 아로마 에센셜 오일은 피부와 점막을 자극할 수 있으므로 주의해야 한다. 민감한 피부에 사용할 때는 주의해야 한다.

⑦ 시중에서 판매하는 베이비 오일과 함께 사용하지 않는다. 시중에서 판매하는 베이비 오일과 같은 미네랄 오일은 화학적으로 처리되어 분자량이 크기 때문에 피부를 통과하지 못하며, 아로마 에센셜 오일의 작용을 방해한다.

⑧ 눈 점막에 접촉되지 않도록 주의하여야 한다. 만약 흡입법을 사용 시 눈을 감고 적용하는 것이 안전하다.

⑨ 어린이에게 사용할 때는 특별히 주의한다. 3개월 미만의 어린아이에게는 에센셜 오일 사용을 금해야 하며, 3개월부터 만 7세까지는 어른의 1/4로 의석하여 사용하고, 만 7세부터 16세까지는 어른의 1/3~1/2로 희석해 사용하도록 한다. 또 유아, 12세 이하의 어린이, 노약자는 캐리어오일의 1% 미만으로 희석한다. 어린이에게 사용해도 좋은 오일은 라벤더(Lavender), 프랑킨센스(Frankincense), 네롤리(Neroli), 카모마일로먼(Chamomile roman) 등이다.

⑩ 임신에 사용해도 좋은 오일(3개월 이후)은 로즈마리(Rosemary), 라벤더(Lavender), 페퍼민트(Peppermint)는 아주 소량 사용시 비교적 안전하다. 임신 중에는 가급적 에센셜 오일을 사용하지 않는 것이 좋다. 임신 초기 3개월간은 유산의 우려가 있으므로 주의해야 하고, 사용하더라도 2배 이상 희석하여 사용한다.

⑪ 심장질환, 천식환자, 급성 질환자, 암환자, 중환자에게 사용할 때는 의사와 상담한 후 허락 하에 사용해야 한다.

2) 에센셜 오일의 보관시 주의 사항

① 정유의 보관은 아이들의 손이 닿지 않는 곳에 보관한다.
② 보관용기에 라벨을 붙여 정확한 농도와 혼합한 시기를 기입해야 한다.
③ 보관 기간을 잘 지켜 사용한다.
개봉 후 보존 기간은 6개월에서 1년 정도 사용가능하며 정유와 일반 오일을 혼합했을 때 1~2주일 사용이 가능하다.
④ 오일은 반드시 차광 병에 보관한다.
에센셜 오일 보관 시 산화방지를 위해 투명한 용기보다는 갈색 유리병을 사용하고, 직사광선이나 창가 등을 피해 시원한 곳에 보관한다. 열이나 빛에 의해 변질될 수 있기 때문이다.
⑤ 보관 시에는 반드시 뚜껑을 닫아놓아야 한다.
오일은 휘발성이 강해 사용 후 향이 날아가 버릴 수 있다. 특히 혼합해 놓은 오일일수록 반드시 밀폐해야 한다. 각각의 아로마 에센셜 오일이 가지고 있는 휘발성의 차이로 가벼운 입자부터 날아가기 시작해 오일의 구성 성분이 달라질 수 있기 때문이다. 산소와의 접촉을 막아야 한다.

3) 에센셜 오일의 선별방법

좋은 오일의 선택은 아로마테라피의 기본이다. 따라서 오일의 선택 전에 반드시 다음과 같은 요소들을 확인·점검해야 한다.

① 에센셜 오일이 확실한지를 확인하라
일반적으로 에센셜 오일은 캐리어 오일 혹은 플로랄 오일과 용어가 비슷하기 때문에 혼동하여 구입하는 경우가 있으므로 이를 주의해야 한다.
② 에센셜 오일 품질을 확인하라
에센셜 오일의 유효기간이 지나지 않았는지, 또는 개봉 후 1년이 경과하지 않았는지를 확인해야 한다. 이외에도 에센셜 오일이 오염되거나 불순물이 섞이지 않았는지 확인하여야 한다.
③ 에센셜 오일의 정확한 동일성(Identity)을 파악하기 위해서는 식물학상 이름, 원산지, 추출방법 및 에센셜 오일의 화학적 성분확인서 등의 사항들을 확인하여야 한다.
④ 에센셜 오일을 알코올, 물에 섞어 본다.
알코올 희석시 잘 섞이지 않는 것은 다른 지방유나 불순물이 많이 들었다는 것이다. 또한 물에 혼합 시 물이 뿌옇게 되거나 우유빛을 띠는 것은 불순물이 많이 들어 있다는 것이다.

⑤ 에센셜 오일을 캐리어 오일에 섞은 후 정유의 점도를 비교해 본다.

소량의 정유를 왼손으로 비벼 점도를 느껴본다. 그리고 다른 손에는 캐리어 오일에 정유를 섞은 것을 손으로 비벼서 점도를 느껴본다. 정유의 양을 늘리기 위해 정유에 캐리어 오일을 혼합하기도 하기 때문이다.

⑥ Gas chromatography를 이용한 성분 조사

이 방법으로 기술과 고가의 기기를 필요로 하기 때문에 일반 사람들이 하기에 힘들어 전문기관에 의뢰하여야 하며 비용이 비싸다. 이 방법은 휘발성물질을 고분자 액체와 Gas(Carrier gas)사이의 분배를 이용해서 향기성분을 분리하고 검출기로 Chromatogram이라는 결과를 얻어 비교하는 방법이다. 우리는 이 방법을 이용하여 정유를 분석할 수는 없지만 정유 공급처에 성분 분석표를 의뢰하여 각 정유의 성분을 알 수가 있다. 간혹, 정유에 들어있지 말아야 할 독성물질이나 불순물이 들어있는 경우가 있다.

제 3 장

주요 에센셜 오일

제3장 주요 에센셜 오일

1) 바질(Basil, Ocimum basilicum)

- 학명 : Ocimum basilicum
- 원산지 : 프랑스, 미국, 남아메리카, 아프리카
- 추출부위 : 잎, 꽃의 머리 부분
- 추출법 : 수증기 증류법
- 향의 휘발도 : top note
- 향기 타입 : 매우 가볍고 상쾌하며 달콤한 꽃향
- 식물의 특징 : 키가 90cm 정도의 하얗고 작은 꽃이 피며, 잎은 달걀 모양의 짙은 녹색의 1년생 허브로 향유는 잎에서 추출한다. 바질 향유는 잎에서 추출하고 향유의 색깔은 녹색 빛이 도는 밝은 녹황색이다. 아프리카가 원산지이고 요리용 허브로 유럽에서 많이 재배된다.
- 기원 : 고대 그리스 귀족들이 목욕과 바디 마사지에 사용하였으며, 이집트인들은 신에게 제물을 바칠 때 향으로 사용하거나 미라를 만들 때 몰약에 향유를 혼합하여 사용하였다. 인도인들은 죽은 사람의 영혼을 달래는 목적으로 이용하였는데 인도 문화에서 법정에서 맹세를 할 때 사용될 만큼 신성하게 여겨졌다. 서양에서는 그리스도의 부활 이후 그리스도의 무덤 주변에서 발견되었다고 전해지고 있으며 그리스 정교회는 바질을 성수를 준비하는데 사용하고 있다.

  바질은 향긋한 냄새 때문에 고대 그리스 귀족들이 목욕과 바디 마사지에서 사용되었다. 인도인들은 향유가 영혼을 보호한다고 믿으며 힌두교 신인 크리슈냐(krishna)와 비슈누(Vishnu)에게 바쳤다.
- 효 능

· 신체 : 강장제로 효과적이고, 피로 회복과 불안, 우울을 해소하는 데 좋다. 신경계에 가장 효과적인 오일이다. 강장, 혈액 순환 원활, 소화 촉진, 해열, 기관지염, 감기, 피로,

통풍, 벌레 물린데, 근육통, 류마티즘, 부비강염, 소화불량에 효과적, 뱀에 물린 곳에 해독, 살충제 등으로 이용 방취제, 진정제, 집중력 강화, 벌레 퇴치용으로 사용한다.

· 피부 : 피부를 상쾌하고 강하게 하는 효과가 있다. 피부강장, 정화 작용, 여드름에 적용
벌레(모기, 말벌) 물린 곳, 울혈, 근육통과 통증, 류머티즘, 기관지염, 기침, 귀앓이, 축농증, 소화불량, 헛배 부름, 메스꺼움, 경련, 생리불순, 오한, 발열, 유행성 독감 및 전염성 질병을 치료

· 정신 : 항우울, 예민시 신경 강화, 두뇌기능 촉진, 집중력 강화, 근심과 걱정 완화, 신경증 진정, 히스테리 진정

➜ 블렌딩 효과가 높은 정유 : 네롤리, 버가못, 클라리 세이지, 라임, 제라늄, 히숍

➜ 사용법 : 흡입법, 목욕, 마사지. 뜨거운 성질과 차가운 성질을 모두 가지고 있어 목욕할 때 사용하거나 전신에 부드럽게 펴바르면 강장 효과가 있다. 순환이 잘 안되는 피부에 좋고 혈액 순환을 원활하게 해준다. 타임 같은 다른 향유를 혼합하면 탁월한 방부 효과가 있다.

➜ 주의 사항 : 민감성 피부를 자극할 수 있으므로 0.2% 이상을 쓰지 않는다. 통경제이므로 임산부 사용을 금한다. 유·소아의 사용을 금한다. 고용량에서 발암성의 위험이 있으므로 극도로 주의해서 사용해야 하며, 임신 중이나 간의 장애가 있을 경우 피한다. 과용하면 심한 무기력증이 생긴다.

2) 히솝(Hyssop, Hyssopus officinalis)

➜ 기원 : 고대 연금술사들은 하제로 히솝 잎과 뿌리를 가루 내어 사용했고 벌레를 죽이기 위해 연고로 배에 발라 사용했다. 꿀과 조금만 섞어 복용하면 장의 점액을 깨끗하게 할 수 있고 으깬 무화과와 섞어 복용하면 대변이 잘 나온다.

➜ 식물의 특징 : 다년생의 작은 허브 식물인 히솝은 줄기가 길고, 잎이 좁으며 꽃은 푸르다. 잎과 꽃에서 추출한 향유는 향수와 카르투지오를 포함한 리큐르(달고 향기 있는 독한 술)에서 사용된다. 가장자리가 톱니 모양으로 된 잎과 작은 분홍색 꽃을 가진 다년생 관목. 고대에는 창상, 종기, 화상치료 약으로 사용되었다. 또한 수세기 동안 이 식물의 힘을 믿고 집 주위에 심어 악령을 집안에 들어오지 못하도록 하였다.

➜ 효능과 적용 : 밸런스를 맞춰준다. 월경통, 폐경기 문제, 감기발진(입가), 대상포진,

피부 문제와 근심에 도움이 된다. 몸의 원기를 회복시켜 주고 호르몬의 밸런스를 맞춰준다.

히솝은 심장 혈관 체계를 정돈해 주는데 쓰인다. 자극제와 진정제 역할을 동시에 하기 때문에 혈압이 높든 낮든 정상화 시켜 준다. 호흡기관에 큰 효과가 있어서 기관지염, 기침, 감기 치료에 사용되고 피부 정돈을 위해서도 사용된다.

- 신체 : 림프순환 촉진, 이뇨, 수렴, 해독, 지혈, 신장강장, 여성호르몬 조절, 갱년기 장애, 생리전 증후군, 불임증 및 신장 질환에 적용된다.
- 피부 : 항염, 피지 분비 균형, 모든 피부에 유효, 피부 정화. 여드름, 피부염, 헤르페스, 셀룰라이트에 적용된다.
- 정신 : 신경계 수렴, 우울과 불안 및 초조함 해소, 스트레스를 감소하는 아드레날린을 자극하여 마음의 균형 회복, 감정의 균형, 기분 고양에 도움을 준다.

➔ 사용 : 흡입, 마사지, 목욕법을 이용한다. 달콤하고 상큼한 향으로 긴장을 완화시켜 주면서 상쾌하게 해주기 때문에 대부분의 향수에 사용된다. 기침 할 때 기관지의 상태에 따라 혼합해서 사용한다.

➔ 블렌딩 효과가 높은 경우 : 크레이프후르트, 네롤리, 바질, 버가못, 라벤더, 로즈마리, 샌달우드, 시더우드, 오렌지, 재스민, 클라리 세이지

➔ 주의사항 : 피부에 과민한 반응을 일으킬 수 있으므로 극소량만 사용한다. 임신 중인 여성을 사용하지 않는 것이 좋다.

3) 베티버(Vetiver, Vetiveria zizanioides)

➔ 추출 부위 : 뿌리

➔ 향의 휘발도 : 베이스 노트

➔ 효능과 적용 : 일반적인 감염, 피부 감염, 여드름, 생리불순, 당뇨병에 효과가 좋음

4) 베이(Basy, Pimenta lacemosa)

➔ 향의 휘발도 : 탑 노트

➔ 추출부위 : 말린 잎

➔ 기원 : 로마 황제들은 월계관이라 알려진 베이(월계수) 가지를 썼다. 베이(월계)관을 쓰는 것은 부의 상징일 뿐만 아니라 악령을 피하기 위해서였다. 그리스 여사제들은 수면효과를 위해 베이 잎을 씹기도 하고, 만찬 연회 후에는 입 냄새를 없애기 위해 베이 잎을 씹었다.

- 식물의 특징 : 요리용 허브로 유명한 베이는 매혹적인 상록 관목이고 잎이 빛나고 질기며, 봄에 황록색 꽃이 핀다. 자극적인 냄새가 나는 베이 오일은 잎에서 추출하고 색깔은 황갈색이다.
- 효능과 적용 : 근육통과 통증, 신경통, 류머티즘과 순환장애에 좋음. 두피에 모든 모발 상태에 사용해도 좋음. 면역기능 강화
폐 질환의 방부제로서 기관지염, 감기 몸살을 치료한다. 또, 소화와 수면을 돕고 류머티즘의 통증을 완화 시키며 일반 강장제로도 쓰인다.
- 사용법 : 흡입법, 목욕, 마사지, 기분을 상승시키는 효과 때문에 향수나 이국적인 느낌의 입욕제로 널리 쓰이고 있다.
- 주의 사항 : 아스피린(해열제), 헤파린(혈액 응고 방지제), 워파린(항응혈용약) 복용 시 사용금지

5) 벤조인(Benzoin, Styrax benzoin)

- 원산지 : 타이, 베트남
- 추출 부위 : 나무진(점액)
- 향의 휘발도 : 베이스 노트
- 향기타입 : 발삼과 바닐라가 조화된 달콤한 향
- 기원 : 극동에서 벤조인 나무에서 추출한 진액은 악령을 쫓기 위한, 향에서 사용하는 주요 요소 중 하나였다. 복합된 냄새는 아주 효능이 뛰어나고, 약학적으로 안식향 팅크와 향수의 고정제(보류제)로 사용된다.
- 식물의 특징 : 벤조인 나무는 보르네오, 자바, 말레이시아, 수마트라, 타일랜드에서 재배된다. 고무나무처럼 나무 줄기에 깊이 상처를 내면 껍질에서 진액(껌)을 채취할 수 있다. 벤조인 나무의 진액은 적갈색으로 어두운 색깔이다. 이 색소는 바닐라와 비슷한 맛의 향을 발산하는 기름진 향유를 내포하고 있다.
- 효능과 적용 : 매우 따뜻한 오일의 성격을 띠며 건조하고 갈라진 피부에 우수하다. 폐를 위한 강장, 호흡기 질환, 기관지염, 천식, 감기, 오한과 후두염에 유익하며 기분 진정과 고양, 저하된 정신력과 우울증에 도움이 된다.
방광염 치료에 좋고 몸을 덥혀 주며, 긴장을 완화시켜 준다. 근육통과 피부 긴장을 풀어준다.
염증과 세균을 억제하고 쉽게 발산되지 않는 향으로 향수의 원료로 많이 사용된다. 건조하거나 노화된 피부에 활력을 주고, 피부 반점을 엷게 하는 효과가 있다.

강장 효과가 있는 향유이고 2가지 형식 중 하나로 사용한다. 단 한 가지 구성이나 복합적인 구성을 해 사용한다. 단 한가지로 구성할 때는 별로 독성이 없고 피부를 재생시키는 데 좋다.

➔ 블렌딩 효과가 높은 오일 : 제라늄이나 로즈흡입시 보조적으로 이용하면 효과적이다. 마사지, 기침약으로 사용된다.

6) 버가못(Bergamot, Citrus bergamia)

➔ 학명 : Citrus aurantium bergamia

➔ 원산지 : 이탈리아, 모로코

➔ 추출부위 : 과일의 내피

➔ 추출법 : 냉압착법

➔ 향의 휘발도 : top note

➔ 향기 타입 : 가볍고 상쾌하면서 달콤한 과일향

➔ 기원: 전통적으로 이탈리아 민간 의학에서 사용되었던 버가못은 롬베르디에 있는 이탈리아 도시 베르가모의 이름을 따서 지었다. 모로코가 원산지인 버가못은 이태리에 뿌리 내린 후에 그 주요 특성이 알려졌다.

➔ 식물의 특징 : 4.5m 정도 크기의 감귤류의 작은 나무로, 녹색에서 노란색으로 성숙하는 작은 열매가 열리며 과일의 내피에서 향유를 추출한다. 냄새는 레몬보다 자극적이지만 특성은 비슷하다. 이탈리아의 소도시 이름에서 유래되었으며, 향수 제조시에 많이 사용되고 있다.

또한, 오렌지 나무와 같은 군에 속하고 향유는 선녹색이고 냄새는 홍차, 얼그레이의 향과 비슷하다.

➔ 효능과 적용 : 기분 상승 효과가 있다. 방부 특성 때문에 입병과 피부 감염 그리고 목 아플 때 치료 효과가 있다. 열을 내려주고 기관지염과 소화 불량도 치료한다.

모공 수축, 피지 제거 효과가 있다. 불안한 심리 상태를 진정시키고 조절하는 기능이 있어 스트레스와 연관된 지성 피부의 관리에 도움이 된다. 비뇨기 계통의 효과적인 살균 소독제로 사용된다.

진정과 향상. 감염 피부 보호에 우수. 우울증과 걱정에 주로 사용되며 건선, 여드름, 습진과 정맥 확장성 염증에 도움이 된다.

- 신체 : 비뇨기 계통의 효과적인 살균 소독제, 방광염, 구취, 식욕 저하, 기관지염, 소화불량 등에 적용가능하다.
- 피부 : 모공 수축. 스트레스성 지성피부, 여드름, 종기, 가려움, 건선, 단순 포진에 적용 가능하다.

· 정신 : 항우울, 근심 상태에서 긴장 완화, 신경 강장, 교감 신경을 감소하여 좌절과 화를 가라앉힘, 불면증, 우울증, 스트레스에 적용 가능하다.

➔ 사용 : 흡입, 마사지 목욕법을 이용한다. 대부분의 향유와 잘 혼합되고 향수에서 아주 많이 쓰인다. 네롤리, 라벤더와 함께 오데코롱(Eau de cologne)의 주요 성분으로 쓰이고, 상큼함과 긴장 완화를 위해 화장품류에서 많이 쓰인다. 마사지에서는 혼합된 향유에 따라 자극성을 나타낼 수도 있고 완화시키는 특성을 갖기도 한다.
네롤리, 바렌더와 함께 오데코롱의 주요 성분으로 사용되며, 또한 긴장완화와 리프레쉬한 느낌을 위해 화장품류에서도 많이 쓰인다.

➔ 블렌딩 효과가 높은 정유 : 라벤더, 네롤리, 재스민, 사이프러스, 제라늄, 클라리세이지, 카모마일, 쥬니퍼

➔ 주의사항 : 버가못에 함유된 포로쿠마린(버갑틴 0.4%)으로 인해 피부를 태우게 되므로 혼합시 1% 이상 사용하면 피부 트러블 위험성이 있으며, 감광성이 있어 24시간 이내에 햇빛을 쪼일 수 있는 부위에는 사용을 피한다. 사용 후에는 직접적인 햇빛 노출은 삼가야 한다. 화상 보호 작용이 없어 턴 오일용으로 사용하지 않는다. 때때로 멜라닌 색소를 촉진시키기 위해 선탠 제품에 첨가되기도 하지만 집에서 혼합 사용할 때는 선탠 목적으로 사용해서는 안된다.

7) 카모마일(Charmomile, Camomile)

➔ 학명 : Anthemis nobilis

➔ 향기 타입 : 가볍고 달콤한 사과 향

➔ 원산지 : 독일, 모로코, 프랑스, 이태리

➔ 블렌딩 효과가 높은 오일 : 유칼립투스, 로즈마리, 라벤더

➔ 기원 : 이집트인들은 카모마일을 신성한 꽃으로 생각해서 태양신에게 바쳤다. 카모마일은 종교 의식에 주로 사용되었고 의학적으로는 발작을 멈추고 열을 내리는데 사용되었다.
고대 이집트인들은 태양신 라에게 카모마일을 바쳤고, 내과의들은 열에 처방을 했다.
고대 앵글로색슨족의 책인 Lacnunga에서는 신성한 약초 9개 중의 하나인 카모마일의 치료적 효능을 소개하고 있다.

➔ 식물의 특징 : 카모마일은 유럽 전역과 북아프리카에서 자라며 종종 야생으로도 자란다. 데이지처럼 가운데가 하얗고 노란 작은 꽃과 함께 잎은 얇고 가볍다. 담청색 향유는 꽃에서 추출하고, 약간 사과 향기가 난다.

➔ 효능 : 모세혈관이 파괴된 피부와 건성 피부, 가려움이 있는 피부에 사용한다. 건조하고 민감한 피부의 관리에 효과적이다. 불안, 두통, 불면증, 월경 불순에 사용한다. 피하 출혈, 주사비, 기미의 치료에 사용하고, 항염 효과가 있어 감염증이나 결막염, 상처, 화상, 종기 등에 좋다. 염증을 가라앉히고 진정시키는 특성이 특히 주목할 만하다. 어린이에게 처방하기 적합한 오일이다. 알레르기나 빈혈, 화상, 피부염, 설사, 열, 소화불량, 불면증, 월경과 갱년기 문제, 류머티즘, 치통, 궤양의 치료에도 쓰인다.

➔ 사용법 : 몇몇 종류의 카모마일은 허브차로 사용되지만 향유는 알레르기를 예방하는 특성 때문에 몸에 바르거나 목욕, 헤어 제품으로 사용된다. 어린아이에게는 희석해서 사용 한다.

➔ 블렌딩 효과가 높은 정유 : 로즈, 제라늄, 라벤더

➔ 주의 사항 : 약간의 진경 통경 작용이 있으므로 임신 초기 4~5개월까지는 사용을 금한다.

8) 저먼 카모마일 (German chamomile, Matricaria chamonilla)

➔ 원산지 : 프랑스, 이집트, 헝가리

➔ 추출 부위 : 꽃, 말린 꽃

➔ 추출법 : 수증기 증류법

➔ 향의 휘발도 : middle note

➔ 향기 타입 : 달콤하고 상쾌한 풀향, 진한 사과 향

➔ 기원 : 데이지처럼 흰 꽃을 가진 강한 사과향의 일년생 허브로 땅을 기면서 자라는 모습 때문에 '땅의 사과'라는 말에서 카모마일이라는 말이 유래되었다.

➔ 효능과 적용 : 알레르기, 상처, 염증(궤양), 습진, 민감성 피부와 진균성 감염과 같은 질환과 모든 피부에 탁월한 효과, 염증과 관절 부종에 이용이 가능하다.

- 신체 : 항염, 통경, 방광염, 소화 불량, 설사, 불면증, 두통에 효과적이다.
- 피부 : 항염, 진정시키는 특성이 뛰어나 종기, 궤양, 피부염, 상처, 예민 피부, 알레르기, 습진, 가려움증, 기저귀 발진에 적용 가능하다.
- 정신 : 신경 강장, 근심 해소, 인내력 제공, 마음 진정, 분노 해소, 불면증, 스트레스, 우울증, 신경 과민에 효과적이다.

- 사용 : 항염, 알레르기를 예방하는 특성 때문에 마사지, 목욕법을 이용한다. 화장품 성분과 허브차로 사용된다.
- 블렌딩 효과가 높은 정유 : 마조람, 레몬, 제라늄, 라벤더, 클라리 세이지, 재스민, 패추리, 로즈, 일랑 일랑, 버가못
- 주의사항 : 특별한 주의사항이 없으며 어린아이에게도 사용 가능하다.

9) 로만 카모마일 (Roman chamomile, Chamaemelum nobile)

- 학명 : Camaemelum nobilis
- 원산지 : 이탈리아, 프랑스
- 추출 부위 : 말린 꽃
- 추출법 : 수증기 증류법
- 향의 휘발도 : middle note
- 향기 타입 : 달콤하고 상쾌한 풀향, 진한 사과향
- 기원 : 털이 많은 가지와 많은 줄기를 가지면 약 25cm까지 자라는 작은 다년성 허브로 깃털 같은 잎과 데이지 같은 흰 꽃을 가진다.
- 효능과 적용 : 진정, 생리통, 관절염, 신경통, 두통, 습진, 피부염, 여드름, 알레르기 상태에 유용함, 건조하고 가려운 피부 정화에 좋음, 아이들에게도 안전하다.
  - 신체 : 항염, 통경, 방광염, 생리통, 치통, 이통, 두통, 소화불량, 설사, 불면증, 관절염, 류마티즘에 적용 가능하다.
  - 피부 : 항염, 신경을 진정시키는 특성이 뛰어나 종기, 궤양, 피부염, 상처, 알레르기에 적용 가능하다
  - 정신 : 신경강장, 근심 해소, 마음진정, 인내력 제공, 분노 해소, 불면증, 스트레스, 우울증, 신경 과민에 적용 가능하다.
- 사용 : 항염, 알레르기를 예방하는 특성 때문에 마사지, 목욕법을 이용한다. 화장품 성분과 허브차로 사용된다.
- 블렌딩 효과가 높은 정유 : 버가못, 클라리 세이지, 재스민, 네롤리, 로즈, 제라늄, 라벤더
- 주의사항 : 임신 초기 4~5개월까지는 사용을 금한다. 임신시 사용 금지

10) 시더우드(Cedarwood, Cedrus atlantica, Juniperus virginiana)

- 학명 : Juniperus virginiana, Cedrus atlantica
- 원산지 : 알제리, 모로코, 미국
- 추출 부위 : 나무
- 추출법 : 수증기 증류법
- 향의 휘발도 : base note
- 향기 타입 : 달콤한 발삼, 온화한 나무향
- 기원 : 샌달우드와 비슷한 세다우드 향유는 이집트인들이 미이라를 만들 때 사용했다. 방부 특성이 아주 뛰어났기 때문에 화장품에서 중요한 요소로 사용되었다. 레바논 세다(Lebanon cedar)로 향유를 만들었는데 그 후 가구 제작에 이용되면서 과도하게 벌채를 해서 지금은 아주 희귀종이 되었다. 최근에는 붉은 세다우드(Red cedar)가 주로 사용된다.
- 식물의 특징 : 세다나무는 북아프리카와 미국에서 재배되는데 가치가 아주 높이 평가되고 있고 향기롭다. 맑고, 달콤한 세다 향유는 스팀 증류법으로 추출된다. 그 냄새는 연필의 나무 냄새와 비슷하다. 울창한 상록의 침엽수로 끝이 뾰족한 피라미드(Pyramid) 형태로 매우 느리게 33m까지 성장하며 붉은 갈색의 둥근 열매를 맺는 상록의 침엽수이다. 방부 특성이 뛰어나 이집트인들의 종교적 행사에 많이 사용되었으며, 특히 미라 제조시 방부제로 사용되었다. 이집트인들이 미라를 만들 때 사용했으며, 흑사병이 유행했을 때 시더우드의 가지를 꺾어 큰 광장에서 불을 태워 공기를 정화시키는데 사용하였다. 남성, 여성 향수에 고착제로서 많이 사용하고 있다.
- 효능과 적용 : 여드름, 탈모증, 비듬, 습진 같은 피부병 치료에 사용되고 호흡 문제 특히 기관지염과 감기에 효과적이다. 또한 방광염을 치료하는 이뇨제로 쓰인다. 성적 교감을 향상시킨다.
  - 신체 : 관절염, 기관지염, 기침, 방광염에 적용 가능하다.
  - 피부 : 여드름, 피부염, 비듬, 탈모증에 적용 가능하다.
  - 정신 : 신경 진정, 불안해소, 명상에 도움을 주며 노란색, 오렌지색을 띄는 에센셜 오일은 향수의 고착제로 많이 사용된다.
- 사용 : 흡입, 마사지법에 이용한다.
- 블렌딩 효과가 높은 정유 : 로즈, 버가못, 버티버, 쥬니퍼, 사이프러스, 재스민, 네롤

리, 프랑킨센스, 클라리세이지, 로즈마리, 일랑일랑

- 주의사항 : 피부를 자극하거나 민감하게 할 수 있다.

임신 중에는 사용하지 않는 것이 좋으며 독성이 없고 자극이 없으나 민감한 피부는 소량 사용한다. 고농도로 사용하면 피부를 자극한다.

11) 시나몬(Cinamon, Cinnamomum zeylanicum)

- 학명 : Cinnamoum zeylanicum
- 원산지 : 동인도
- 추출 부위 : 나무껍질, 잎
- 추출법 : 수증기 증류법
- 향의 휘발도 : base note
- 향기 타입 : 따뜻하고 향기로운, 다소 거친 향
- 기원 : 중국에서 사용된 가장 오래된 향유 중 하나이며 중국인들은 시나몬이 없으면 완전한 치료는 불가능하다고 믿었다. 이집트인, 로마인, 그리스인들이 사용했고, 구약 성서에도 나와 있다.
- 식물의 특징 : 극동, 동인도, 중국에서 재배되는 시나몬은 특히 매운 향과 맛을 지니고 있다. 잔가지와 잎을 따서 달고, 맵고, 쓴 향유를 증류하면 어두운 황갈색이 된다. 따뜻하고 자극적인 향유는 종종 향수에서 사용된다. 작은 흰 꽃과 푸른 빛이 도는 흰색의 열매를 가지며 약 15m까지 자라는 열대 상록수이다. 중국인들은 시나몬이 없으면 완전한 치료가 불가능하다고 믿을 정도로 많이 사용되며, 가장 오래된 향료 중의 하나로, 구약 성서에도 나와 있으며, 이집트인, 로마인, 그리스인들이 사용해 왔다.
- 효능과 적용 : 피로와 우울에 효과가 있고, 호흡과 소화 시스템에 강장 작용을 한다. 특히 기침, 감기, 몸살, 위통, 설사에 유용하다. 또한 최음제로 성무력증 치료를 도울 수 있다.
  - 신체 : 항통증, 함염증, 항경련작용, 소화 시스템에 강장 작용을 한다.
  - 피부 : 가급적 사용을 금한다.
  - 정신 : 최음제, 지친 상태, 심약한 상태에 적용한다.
- 사용 : 흡입법 및 근육 경련 완화를 위하여 습포나 마사지법을 이용한다.

  포푸리에 향을 강하게 하기 위해 시나몬 껍질이나 향유를 첨가한다. 근육 경련을 완화시키기 위해 습포나 마사지에서 사용한다.

  기침 시럽, 치과 용도, 화장품, 향수, 비누, 화장실용품 성분으로 사용된다.
- 블렌딩 효과가 높은 정유 : 프랑킨센스, 일랑일랑, 오렌지, 만다린

➔ 주의사항 : 점막 자극성과 강한 피부 자극원이다. 알코올 중독, 충혈 경향, 전립선암, 항응고제 복용자는 금한다. 잎에서 추출한 정유만을 사용한다.
고농축 상태로 이용하면 안 되고, 전문가의 조언에 따라야 한다.

12) 컴프리(Comfrey, Symphtum officinale)

➔ 기원 : 17세기의 약초상 니콜라스 컬페퍼는 처방전에 '컴프리가 피를 토하거나 피가 섞인 소변을 보는 사람들을 치료했다'고 쓰고 있다. 컴프리의 뿌리를 물이나 포도주에 끓여 마시면 모든 내장의 문제를 치료하는데 도움이 되며 내부의 상처와 상한 폐를 치료하고 혈액 순환을 돕는다.

➔ 식물의 특징 : 보통 물가에서 야생으로 자란다. 컴프리의 잎은 크고 털이 많으며, 만지면 피부를 자극할 수도 있다. 줄기는 3피트(90cm) 크기까지 자라고 꽃은 옅은 보랏빛이다. 잎과 뿌리를 달여서 쓰기도 하지만 향유는 잎과 뿌리에서 추출한다.

➔ 효능과 적용 : 세포 재생 효과가 있는 향유는 습진, 버짐, 무좀, 찢어진 근육을 포함해 상처를 치료하고 피부를 정돈하는 데 특히 효과적이다. 임신과 갱년기 문제, 월경 문제를 치료하는 데도 특히 효험이 있다.

➔ 사용법 : 마사지와 습포

13) 클라리 세이지(Clary sage, Pimenta racemosa)

➔ 학명 : salvia sclarea

➔ 원산지 : 프랑스, 러시아, 남부 유럽

➔ 추출 부위: 잎, 꽃의 머리 부분

➔ 추출법 : 수증기 증류법

➔ 향의 휘발도 : top note

➔ 향기 타입 : 달콤한 견과류의 허브향, 쑥 향기와 유사한 향

➔ 기원 : 사람의 눈을 정화시켜 주는 오일로 알려져 고대인들은 이 식물의 즙을 짜서 눈에 안약처럼 사용하였다. 씨앗에서 나오는 점액을 종양의 치료와 눈에 먼지 등의 이물질 제거에 사용하기도 하였다. 요즘은 향수의 성분으로 널리 사용되고 있다.

➔ 식물의 특징 : 작은 파란꽃과 자주빛을 띤 녹색의 털이 많은 잎을 가지며 1m까지 자라는 2년생 또는 다년생 허브이다.

➔ 효능과 적용 : 비록 일반적인 세이지와 비슷한 특성을 가지지만 클라리 세이지는 독성 치수가 낮기 때문에 아로마테라피에서 더 보편적으로 사용된다. 생리적인 문제를 치료하는데 사용되며 폐경기에 매우 유용하게 사용된다. 또한 목이나 기관지계 감염 치료에 좋다.

행복감을 주며, 우울증, 공황 상태를 진정시킨다.

경련, 생리전 증후군, 고혈압, 생리통에 좋음. 근육을 풀어 주는데 우수하고 진정 작용은 긴장을 가라앉혀 줌으로써 두통과 편두통을 경감 시킨다. 아로마테라피에 사용될 수 없는 일반적인의 세이지(Salvia officinalis)와 혼동하면 안된다.

- 신체 : 면역 강화, 여성 호르몬 조절, 여성 생리 장애 조절, 생식 능력에 효과, 자궁 강장, 갱년기 장애, 불감증, 생리전 증후군, 무월경, 생리통, 생리불순, 호흡기 문제, 구강염, 고혈압, 근육통에 적용
- 피부 : 지성 피부, 지성 모발, 비듬 등의 두피 장애, 탈모(모발 성장 촉진)에 적용
- 정신 : 진정, 최음, 긴장완화, 항우울, 신경회복, 워밍(Warming) 효과에 의해 공포와 혼돈의 상태를 웰빙 상태로 만듦. 산모의 긴장 완화, 산후 우울증에 적용.

➔ 사용 : 흡입, 마사지법을 이용한다.

비누, 세제, 화장품, 향수 향료 성분으로 사용된다.

➔ 블렌딩 효과가 높은 정유 : 제라늄, 라벤더, 쥬니퍼, 샌달우드, 시더우드, 재스민, 프랑킨센스, 버가못 등 시트러스 오일

➔ 주의 사항 : 무독, 자극, 사용 후 술을 마시거나 운전 금지(졸음 유발), 수유, 여성 생리 활성 작용이 있으므로 임신 중 사용 금지, 5% 이하로 사용, 임신 초기에 사용 금지, 진정 작용이 강하므로 집중을 요하는 시간은 피한다. 운전 중 사용금지.

출산을 앞두고 마사지나 흡입을 하면 통증과 두려움을 극복할 수 있으며, 산후 우울증 예방에도 도움이 된다.

14) 클로브(Clove, Syzygium leucadendron)

➔ 학명 : Eugenia Caryophyllus

➔ 원산지 : 인도네시아, 자바

➔ 추출부위: 꽃 봉오리

➔ 추출법 : 수증기 증류법

➔ 향의 휘발도 : base note

➔ 향기 타입 : 스파이시하며 강렬한 향

➔ 기원 : 궁중 관리들이 황제를 알현시 입냄새를 제거하기 위해 사용하였다고 한다.

전세계적으로 가정용 양념으로 많이 사용된다. 옅은 노란색의 액체로 달콤하고 쌉싸르한 향이 난다.

- 식물의 특징 : 가느다란 상록수로 12미터까지 자란다.
- 효능과 적용 : 통증제거, 류머티스성 관절염, 치통, 신경통, 잇몸 감염, 감염성 여드름, 궤양, 상처에 좋음. 방부효과, 방광염, 설사, 축농증 등의 질병 예방에 좋음. 국한성 화장염(크론병), 면역 저하에 도움. 질 좋은 호르몬 성분 함유로 갑상선 조절에 유용함.
  - ·신체 : 구충제, 항생제, 항구토제, 항히스타민제, 근육통, 신경통, 관절염, 구토, 설사, 소화불량, 감기, 천식, 기관지염에 적용
  - ·피부 : 상처치유, 여드름, 무좀, 화상, 모기와 곤충 퇴치, 감염된 궤양, 옴에 적용
  - ·정신 : 최음제, 정신고양, 약한 느낌일 때 기분 상승을 도와 줌, 기억력 강화
- 사용 : 치과 치료와 치약, 비누, 욕실용품, 화장품, 향수, 음식과 알코올, 청량음료수, 잉크, 접착제, 니스 재료 성분으로 사용된다.
- 블렌딩 효과가 높은 정유 : 라벤더, 로즈, 클라리세이지, 일랑일랑, 버가못
- 주의사항 : 임신 중 사용금지 한다. 점막과 피부 자극성이 있으므로 상처 난 곳에는 사용을 금지한다. 민감성 피부의 경우 사용 전 테스트 권장함, 높은 레벨의 투약(복용)은 피부를 자극함.

15) 사이프러스(Cypress, Sempervirens)

- 학명 : Cupres sempppervirens
- 원산지 : 프랑스, 독일
- 추출 부위 : 잎, 열매
- 추출법 : 수증기 증류법
- 향의 휘발도 : middle note
- 향기 타입 : 소나무향과 유사한 상쾌한 나무향
- 기원 : 고대 이집트와 로마에서 신성시 되었던 사이프러스는 티벳에서 정화 향으로 사용되었다. 이것은 체액을 정상화 시키는데 사용되었고 특히 설사나 월경과다에 사용된다.

사이프레스의 진정 성질은 스트레스를 받을 때 적절한 오일이다.

이집트인들은 치료에 사이프러스 향유를 사용함과 더불어 석관을 장식하는데 사용했다. 프랑스에서는 전통적으로 묘지에 이 나무를 심는다.

➔ 식물의 특징 : 키가 큰 원추형의 상록수이다. 이 식물의 학명은 '영원히 산다'라는 의미이다. 고대 이집트인들은 이 나무를 이용해 관을 만들었다고 하며 예수가 매달린 십자가를 만든 나무로 전해지고 있다. 프랑스에서는 전통적으로 묘지에 이 나무를 심는다.

동양에서 왔지만 주로 지중해 지역과 특히 알제리와 남프랑스에서 자란다. 에센스는 나무의 잎, 잔가지 그리고 나무의 봉우리를 증류해서 얻는다. 향유는 밝고 연한 노랑색이나 녹색이고 솔잎과 비슷한 상큼하고 자극적인 냄새가 난다.

➔ 효능 : 수렴 작용과 근육 경련을 진정시키는 작용 때문에 순환 문제나 감기, 기침, 독감, 치질, 월경, 폐경 문제, 정맥류, 백일해 치료에 쓰인다. 긴장을 완화시키는 진정제로도 쓰인다. 부종이나 심신의 긴장에 효과적이다. 지성피부, 지루성 모발, 여드름, 비듬에 효과적이다. 자극적이고 상쾌한 수렴제로서 여드름 피부에 적당하다. 발한을 억제하는 작용이 있어 땀이 많은 발의 족욕에 효과적이다. 셀룰라이트를 분해하는 효과가 있어 비만 관리에 좋고, 혈액순환을 개선하여 노화 피부에 효과적이다.

방부 효과와 이뇨제 효과. 순환, 정맥류에 좋음. 피부색을 향상시키고 독소제거를 도움을 준다.

- 신체 : 수렴작용, 제한(땀 억제), 혈관 수축, 정맥류, 치질, 출혈, 월경과다, 셀룰라이트, 부종, 생리통, 순환기 문제나 기관지, 천식, 류마티즘에 적용한다.
- 피부 : 수렴작용, 모공 수축, 해독. 지성피부, 비만에 적용 가능하다.
- 정신 : 조바심과 흥분을 진정, 정신적 장애 제거, 말많고 성급한 사람을 진정, 영혼의 정화에 도움을 준다.

➔ 사용 : 흡입, 마사지, 목욕, 부종이나 류머티즘에는 습포로 사용되고 근육 강화를 위해서는 입욕시 사용한다. 수렴 작용 때문에 지성 피부를 닦아내는 데도 사용한다. 의약용품, 코롱, 에프터세이브, 남성용 향수 성분으로 사용된다.

➔ 블렌딩 효과가 높은 정유: 시더우드, 파인, 라벤더, 레몬, 클라리세이지, 쥬니퍼, 버가못, 오렌지, 마조람, 샌달우드, 로즈마리

➔ 주의사항 : 무독, 무자극이나 생리 주기를 규칙적으로 해주는 작용이 있으므로 임신중에는 사용을 금한다. 고혈압 환자에겐 가급적 피한다.

정맥류에 대한 효과가 있으나 사용시 충분한 주의를 요한다.

보통 마사지로 사용하기에는 너무 강하므로 희석하여 사용한다.

16) 유칼립투스(Eucalyptus, Eucalyptus citriodora)

- 학명 : Eucalyptus globlus
- 원산지 : 호주
- 추출 부위 : 잎
- 추출법 : 수증기 증류법
- 향의 휘발도 : top note
- 향기 타입 : 장뇌(캄파)와 비슷한 상쾌하고 자극적인 향, 소독약 냄새
- 기원 : 유칼립투스를 치료용으로 처음 사용한 사람들은 아보리진 족으로 추정된다. 꽃 봉오리가 컵 같이 생긴 막에 잘 덮여 있어 그리스어로 '잘 덮여있다.'라는 Eucalyptos에서 유래 되었다. 호주원주민들은 이것을 'kico'라고 부르며 심한 창상 부위를 유칼립투스 나뭇잎으로 싸매었다. 은빛 나는 청록색 잎은 연한 노란색 향유를 만들어 내며 시원하고 방충 효과가 있는 냄새를 지니고 있다.
- 식물의 특징 : 세상에서 가장 키 큰 나무 중 하나인 유칼립투스는 '시드니의 페퍼민트'라고 불리울 정도로 캄파향이 강하며, 오스트레일리아가 원산지이고, 키가 큰 상록수로 곧게 자라는 고무나무의 일종이다. 지금은 태즈매니아, 중국, 미국, 브라질, 지중해에서 자란다. 유칼립터스는 200여 종이 있다. 몸통이 곧게 자라는 고무 나무의 일종으로 키가 큰 상록수로 200여 종이 있다. 은빛 나는 청록색 잎은 연한 노란색 향유를 만들어 내며 시원하고 방충 효과가 있는 냄새를 가지고 있다. 신선한 잎은 아로마테라피에서 가장 다양하게 쓰이는 효능 높은 에센스를 많이 생산해 낸다.
- 효능과 적용 : 유칼립투스 향유의 주요 성분은 방부 성분이다. 항염 특성을 가진 유칼립투스 향유는 특히 천식, 기관지염, 독감, 부비동염, 피부염증, 류머티즘, 상처 치료에 좋다. 또한 열을 내려주고 강한 이뇨작용을 하며 두통 해소 효과는 익히 알려져 있다.

  여드름, 지성 피부에 효과적으로 작용한다. 적혈구의 산소 운반을 도와 피부 호흡을 증가시킨다. 감기에 걸렸을 때 목욕이나 마사지용으로 적당하다. 환자가 있는 방에 세균을 없애기 위한 증기 요법으로 사용한다. 방취제, 방부제, 진정제, 벌에 물린데 사용한다.

  살충 퇴치제, 무좀, 비듬과 같은 세균 감염 피부에 좋음

  자극, 방부, 항염증 효과, 호흡기 치료, 축농증과 두통에 유용, 류머티즘, 관절염, 근육통 완화, 두통, 편두통에 좋고 근육통을 완화시켜 준다.

  · 신체 : 염증 완화, 점막 상태 완화, 면역 강화, 해열, 감기, 거담, 기침, 비염, 기관지염, 오한, 두통, 근육통, 류마티즘, 관절염, 방광염에 적용

· 피부 : 강한 방부, 헤르페스, 염증, 화상에 적용

· 정신 : 감정을 쿨링하여 머리를 맑게 집중력 강화, 신경계 강화, 집중력 향상

➜ 사용법 : 흡입, 마사지, 목욕법을 이용한다. 머리를 맑게 하기 위해 손수건에 묻혀 사용한다. 몸의 온도를 내려주고, 열을 내리며 근육통, 류머티즘에 효과가 있다. 감기와 기침약으로 많이 쓰인다. 방광염을 완화시키려면 입욕시 사용한다.

흡입제, 기침 시럽, 연고, 치약 등에 사용되며 향료 조성 성분으로 비누, 세제, 욕실 제품에 사용된다.

➜ 블렌딩 효과가 높은 정유 : 타임, 로즈마리, 라벤더, 마조람, 시더우드, 레몬, 쥬니퍼

➜ 주의사항 : 고혈압, 간질환, 임산부나 6세 미만의 아동에게는 사용하지 않는다.

민감 반응을 일으킬 수도 있다. 높은 시네올(Cineole) 성분 때문에 아기들이나 어린이들에게는 사용 금지한다.

민감성 피부에는 자극적이다. 고농도로 사용할 경우 신장을 자극할 수도 있으므로 반드시 희석하여 사용하는 것을 원칙으로 한다.

17) 펜넬(Fennel, Roeniculum vulgare)

➜ 학명 : Foeniculum vulgare

➜ 원산지 : 지중해안, 아시아, 러시아, 스페인

➜ 추출 부위 : 씨

➜ 추출법 : 수증기 증류법

➜ 향의 휘발도 : top-middle note

➜ 향기 타입 : 풀냄새와 유사한 달콤한 향

➜ 기원 : 고대 그리스인들과 로마인들은 향이 아주 강한 펜넬씨를 힘을 북돋고 악령을 쫓고, 벼룩을 죽이거나 입냄새를 좋게하는 효과가 있어 적극적으로 생활에 이용하였다. Foeniculum은 '마른 풀'을 의미하는 라틴어의 foemum에서 유래 되었다. 고대 중국인에게는 널리 알려진 식물로 뱀에 물렸을 때 치료제로 사용되었다. 중세에는 악령을 쫓고 아이들의 복통과 벼룩을 죽이는데 효능이 있다고 생각했으며, 입냄새를 좋게 하기 위해서도 사용했다고 한다. 공복감을 없애 주어 포만감을 주어 비만 방지를 위한 요리에도 전통적으로 많이 사용되었고 그리스시대에는 힘과 용기, 장수를 위한 작용을 한다고 믿었다.

➜ 식물의 특징 : 가시털 같은 잎과 노란색의 꽃을 가지며 2미터까지 자라는 허브이다. 이 다년생 식물을 유럽의 바닷가에서 발견할 수 있고, 잎은 밝은 녹색의 깃털 같은 섬

세한 모양으로 모여있다. 펜넬의 환한 노란색 꽃 뭉치는 벌을 끌어들인다. 허브로써, 신선한 잎은 특히 생선 요리에 좋다. 반면 아니스의 열매와 냄새가 비슷한 펜넬 씨는 감초로 사용된다. 그와 비슷한 향이 나는 달콤한 향유는 씨를 으깨어서 추출한다.

➔ 효능과 적용 : 이뇨제와 부드러운 하제로 알려진 펜넬은 복통, 변비, 소화 장애, 신장 결석, 갱년기 장애, 멀리, 비만 해소에 효과적이다. 또한 수유 중 젖이 잘 나오도록 도와준다.

피부의 건조를 방지한다. 산모에게 젖의 분비를 촉진시키는 것으로 알려져 있어 마사지에 적용한다. 셀룰라이트 분해작용이 있어 비만관리에 좋다. 방부제, 진정제, 근육이완제로 사용한다.

몸의 정화, 독소 제거, 체내 독소 제거에 우수, 이뇨, 다이어트(체중감소), 셀룰라이트에 도움, 소화력을 강장시켜 주고, 소화 불량, 변비, 가스 완화, 생리전 증후군(PMS), 생리불순, 폐경기 문제들, 정력 저하(성욕)에 좋음. 피부색을 깨끗이 하는데 도움.

- 신체 : 비장강장, 소화촉진, 월경 촉진. 여성 호르몬에 영향을 미쳐 폐경기 문제, 생리 증후군, 수유 촉진, 해독, 이뇨에 적용
- 피부 : 수렴작용. 주름살, 노화 피부, 셀룰라이트에 적용
- 정신 : 역경에 대한 힘과 용기 부여, 수명 연장

➔ 사용법 : 마사지, 목욕, 가글링법을 이용한다. 가스가 차거나 소화불량시 먹는 소아용 물약(Gripe water)의 성분으로 의약품에 사용된다. 향신제로 주요 식품류, 알코올 음료, 소프트 드링크제에 첨가되며, 비누, 향수, 공기 청정제에도 사용된다.

➔ 블렌딩 효과가 높은 정유 : 바질, 로즈, 제라늄, 라벤다, 샌달우드, 레몬

➔ 주의사항 : 간질, 임신, 자궁 내막증, 전립선 비대증, 에스트로겐 관련 암, 6세 미만 어린이 사용 금지. 임신시에는 사용 금지. 간 질환자에게 사용 금지. Anetholi 성분이 들어 있는 파라세타몰(Paracetamol)은 알코올 중독과 간기능 저하를 가져올 수 있으므로 사용 금지, 반드시 희석해 사용해야 하며 과도한 사용을 금한다.

18) 프랑킨센스(Frankincense, Boswellia carteri)

➔ 학명 : Bosweillia carteri

➔ 원산지 : 소말리아, 북동아프리카, 중국

➔ 추출 부위 : 수지

➔ 추출법 : 수증기 증류법

➔ 향의 휘발도 : middle-base note

➔ 향기 타입 : 방향성이 있는 수목향

➔ 기원 : 프랑킨센스(Olibanum으로도 알려져 있다)와 몰약은 이집트인들이 향으로 사용한 최초의 나무 진액이었다. 환자의 방에서는 공기를 깨끗하게 하기 위해서, 종교 의식 중에는 악령을 쫓기 위해 이 향을 태웠다. 프랑킨센스는 보석과 같은 귀중품으로 취급되었기 때문에 성경에 따르면 동방 박사들이 예수의 탄생을 축하하기 위해 이 향을 바쳤다. 프랑킨센스의 고무는 아라비아, 아프리카, 중국에서 자라는 작은 나무에서 얻어진다. 이 고무가 유럽에 처음 건너온 것은 17세기 말이다.

➔ 식물의 특징 : 흰색 또는 분홍색의 꽃을 가진 작은 나무로 나무껍질을 벗기면 노란색의 수지가 나온다. 고대 이집트에서는 화장품, 향수로 사용했으며 동방박사들이 예수 탄생을 축하하기 위해 선사한 선물 중 하나이다. 명상과 기도에 매우 중요하게 사용한다. 식물에서 오일을 얻기 위해서 나무 줄기에 깊은 상처를 낸다. 상처가 난 나무에서는 눈물 모양의 방울이 스며 나오는데 공기와 닿으면 딱딱하게 굳는다. 향유는 자극적인 냄새가 나는데 몰약과 섞으면 레몬 향이 난다.

➔ 효능과 적용 : 기분 상승 효과와 정신 집중을 돕는다. 기관지염, 기침, 감기, 후두염일 경우 거담제의 역할을 한다. 피부의 탄력을 유지하고 주름을 없애 주는 것으로 알려져 있다.

밸런스를 맞춰줌. 스트레스, 신경성 긴장에 도움. 주름을 막아 주므로 안면에 사용. 류머티스성 관절염, 천식에 사용.

한때 금만큼 가치가 있었던 프랑킨센스는 몇 천년 동안 그 가치를 유지해 왔다. 가톨릭 미사때 향으로 태워졌고, 또한 신경계병과 요도계 감염을 포함한 다양한 질병 상태를 치료하는데 사용되었다.

호흡기 질환에 탁월한 효과가 있으며 코감기에도 효과적이다. 소염, 수렴, 진통 작용이 있다. 마음을 진정시켜 과호흡을 조절한다. 노화된 피부의 세포 재생효과가 있다.

- 육체 : 자궁강장, 호흡계 질환, 천식, 가래 완화, 자궁 출혈, 방광염에 적용
- 피부 : 소독, 강장, 수렴, 흉터, 상처, 건성, 거친 피부에 적용
- 정신 : 감정 조절, 명상, 스트레스 해소, 정신 고양 및 진정, 호흡을 이완시켜 진정 느낌 부여, 과거로부터 연결되는 강박 관념과 근심 해소, 항우울 효과가 있다.

➔ 사용 : 흡입, 마사지, 목욕법을 이용한다. 흡입하면 감기 치료에 도움이 되고 목욕물에 몇 방울 떨어뜨리거나 바디 마사지 오일에 섞으면 몸이 따뜻해지고 마사지를 하면 긴장이 완화되며 명상에 도움을 준다.

비누, 화장품, 향수에서 향의 고정제와 방향제로 사용되며 육류, 술과 음료수에 소량 사용된다. 긴장이 완화되며 명상을 도와준다. 종종 몰약과 섞어 쓰며 바질이나 샌달우드와 잘 혼합된다.

➔ 블렌딩 효과가 높은 정유 : 바질, 베티버, 버가못, 캄파, 시나몬, 오렌지, 샌들우드, 제라늄, 샌달우드, 제라늄, 라벤더, 네롤리, 파인

➔ 주의사항 : 무독, 무자극

19) 제라늄(Geranium, Pelargonium graveolens)

- 학명 : Pelargonium graveloens
- 원산지 : 프랑스, 스페인, 모로코, 이집트, 러시아
- 추출 부위 : 꽃, 잎
- 추출법 : 수증기 증류법
- 향의 휘발도 : middle note
- 향기 타입 : 감미롭고 우아하며 신선한 장미 유사향
- 기원 : 제라늄은 아프리카가 원산지이고, 유럽에는 1690년 이후에 들어 왔다. 고대에는 종기, 화상, 상처 치료에 사용됐다.
- 식물의 특징 : 유럽 전역에서 야생으로 자라고, 2피트(60cm) 높이까지 자란다. 꽃이 예뻐서 수백 종이 재배되지만 펠라고니엄이라는 제라늄(잎을 자르면 레몬 향기가 난다.)만이 많은 양의 황록색 향유를 만들 수 있다. 제라늄 향유는 잎, 줄기, 꽃으로부터 증류된다.
- 효능과 적용 : 특이하게도 진정제와 상승제 효과를 동시에 지니고 있기 때문에 긴장이나 우울을 치료하는 데는 적합하지 않다. 순환계 질환이나 피부 트러블, 특히 상처 치료에 사용된다. 동상 걸린 발의 족욕에도 좋다. 심신을 안정시켜 균형을 맞춰준다. 피부 수렴, 항균 작용이 있어 여러 가지 피부염의 치유에 이용된다. 과다한 피지를 조절하여 지성피부의 관리에 사용한다. 림프액과 혈액의 순환을 촉진하여 노폐물을 제거한다. 습진과 검버섯 치료에 효과적이다.
- 사용법 : 달콤하고 상큼하고 향기로워서 대부분의 향수에 쓰이는데, 긴장을 완화시키면서도 상쾌하게 해주기 때문에 치료용 마사지나 흡입법에도 사용된다. 대부분의 향유와 잘 혼합된다.
- 블렌딩 효과가 높은 오일 : 클라리 세이지, 재스민, 라벤더, 라임, 네롤리, 로즈, 샌들우드
- 주의사항 : 임산부는 사용을 금한다. 민감성 피부엔 자극을 줄 수 있다.

20) 진저(Ginger, Zingiber officinale)

- 학명 : Zingiber officinalis
- 원산지 : 서인도, 중국, 일본
- 추출부위 : 뿌리
- 추출법 : 수증기 증류법(distilation)
- 향의 휘발도 : top note

- 향기 타입 : 따뜻하고 향긋한 감귤향
- 기원 : 동양에서 수천년 간 가정에서의 조미료와 류마티스, 세균성 이질, 설사 등 많은 점액 분비에 사용해 왔다.
- 식물의 특징 : 곧게 뻗은 다년생의 허브로 1미터까지 자라며 뿌리는 굵고 결절 모양으로 뻗어서 자라며 얼얼한 맛이 난다.
- 효능 : 콧물(감기), 울혈, 기침, 목감기, 설사, 배앓이, 경련, 가스 참, 소화불량, 식욕저하 등에 좋다. 근육통, 관절염, 혈액 순환 저하를 완화. 냉기(냉한), 감기, 유행성 독감 등에 도움이 된다. 근육 피로를 회복에 도움을 준다.
  - 신체 : 혈액순환 촉진, 위액 분비 촉진으로 소화기계 활성화, 식욕 촉진, 기억력 자극, 만성 근육통, 관절 통증, 감기, 만성 피로, 위통, 차멀미, 구토에 적용이 가능하다.
  - 정신 : 피로와 무기력 회복, 최음, 항우울, 메마른 감정을 따뜻하게, 기억력 증진, 피로시 용기와 지침을 줌, 에너지 충전이 된다.
- 사용법 : 흡입, 마사지, 목욕법을 이용한다. 몸을 따뜻하게 하는 가온 작용이 강하므로 몸에 마사지하거나 발 마사지를 하면 만성적인 근육과 관절의 통증, 감기 초기와 냉체질의 개선에 도움이 된다.
- 주의사항 : 자극성이 있으므로 민감한 피부에는 주의해서 사용하는 것이 좋다.

21) 그레이프프루트(Grapefruit, Citurs paradisi)

- 학명 : Citrus paradisi
- 원산지 : 주로 미국, 브라질과 이스라엘
- 추출 부위 : 과일의 내피
- 추출법 : 과일 껍질을 이용한 압착법
- 향의 휘발도 : middle note
- 향기 타입 : 달콤하며, 약간 시큼하고 상쾌한 감귤향
- 기원 : 그레이프프루트라는 이름은 향기가 포도 같다는 뜻도 있으나 포도송이 모양으로 열매를 맺는다는 데서 유래한다.
- 식물의 특징 : 윤기 나는 잎, 크고 노란 열매를 가지며 10미터까지 자란다.
- 효능과 적용 : 행복감, 신선감, 항 진정, 면역자극, 림프자극, 셀룰라이트에 효과적이다.

  우울증이나 스트레스 해소에 효과적이다. 림프 순환을 촉진시켜 부종을 제거하고 비만관리에 이용한다. 체액의 흐름을 촉진시켜 체액의 정체 현상을 방지한다. 살균, 소독 작용이 있어 지성, 여드름 피부의 관리에 효과적이다.

다른 감귤류 과일과 마찬가지로 그레이프프루트는 비타민 C가 풍부하고 감기와 독감 치료에 자주 사용된다. 집에서 발향 시키면 그레이프프루트의 상승과 회복 성질이 신경성 피로와 우울증 치료에 도움을 준다.

· 신체 : 림프순환 촉진, 체액 조절, 이뇨, 중추신경계 조절, 비만 해소, 비행 시차, 두통에 적용 가능하다.
· 피부 : 지성, 여드름, 탈모증, 셀룰라이트에 적용 가능하다.
· 정신 : 스트레스와 우울증 및 신경 피로 상태에서 uplifting, 중추 신경계의 밸런스, 행복감 부여, 최면, 원기 회복에 좋다.

➜ 사용법 : 흡입, 마사지, 목욕법을 이용한다.

➜ 블렌딩 효과가 높은 정유 : 라벤더, 로즈마리, 사이프러스, 레몬, 버가못, 일랑일랑, 제라늄

➜ 주의사항 : 감광성이므로 피부에 사용 후 4시간 정도는 직사광선을 피해야 한다. 피부의 자극적일 수 있으므로 사용 전 패치 테스트를 한다.

22) 재스민(Jasmin, Jasminum grandiflorum)

➜ 학명 : Jasminum grandiflorum

➜ 원산지 : 프랑스, 이집트, 이탈리아, 모로코

➜ 추출 부위 : 꽃

➜ 추출법 : 용매 추출법, 수증기 증류법

➜ 향의 휘발도 : middle-base note

➜ 향기 타입 : 감미롭고 이국적이며 달콤한 꽃 향

➜ 기원 : 고대 아랍인, 인도인, 중국인들이 가장 애호했던 재스민은 향수, 방향제, 허브티를 포함해 가장 다양한 쓰임새를 보였다. 재스민은 16세기에 페르시아에서 유럽으로 건너갔다.

➜ 식물의 특징 : 학명이 Jasminum grandiflora라는 종은 동인도와 이집트가 원산지인 작은 관목이고 남프랑스, 스페인, 알제리, 모로코, 인도, 이집트에서 재배된다. 재스민의 섬세한 하얀 꽃은 귀여운 송이로 핀다. 진한 붉은색 향유는 냉침법으로 만들어지고 훈훈하고 이국적인 풍부한 꽃향기가 난다. 재스민은 향수에서 쓰이는 로즈 향유와 함께 가장 중요하고 비싼 추출물이다.

밝은 녹색의 고운 잎과 매우 향기로운 별 모양의 흰 꽃을 가지며 10m까지 자라는 상록의 관목이다. 밤에 그윽한 향기를 발산한다하여 '밤의 여왕'이라는 별명을 가지고 있다. 또한 최음제로 널리 알려져 있다. 이것은 향수의 성분으로 폭넓게 사용되고 있다.

- 효능과 적용 : 재스민은 분위기를 상승시키고 불안과 우울을 없애준다. 최음제로 재스민은 불감증과 성무력증을 치료하는 데 효과가 크다. 또한 생리통과 피부염증을 치료하는 데 효과가 크다. 피부 관리에 효과적인 오일로 건성 피부에 탁월하다. 호르몬의 균형을 조절하여 피부상태를 정상화한다. 건성, 지성, 민감성 피부에 모두 효과적이다. 정신적 스트레스와 불안에 의해 야기되는 피부 문제에 효과적이다.

  인도에서 밤 시간에 풍부한 향기를 내는 밤의 여왕이라고 알려진 재스민은 비누, 화장품, 향수로 널리 사용되었다. 서양에서는 재스민은 전통적으로 출생을 도와주는 것으로 사용되었고 동양에서는 꽃이 간염과 간경화증을 치료하는데 사용되었다.

  감정의 온화함(평온)과 향상, 행복감. 우울증, 출산 우울증, 자신감 부족, 감정 불안정 등을 완화시켜 편안하게 함. 수분 부족 피부를 진정시킨다.

  · 신체 : 호르몬 균형 작용으로 생리통, 생리불순, 불임증, 모유 분비 촉진, 분만 촉진, 자궁 강장, 쉰 목소리, 코감기, 기침, 후두염에 적용가능하다.
  · 피부 : 모든 피부, 건성, 과민성 피부, 기미와 임신선에 적용가능하다.
  · 정신 : 최음, 기분 고양, 심각한 우울증 구제(출산 우울증), 신경 진정, 감정을 따뜻하게 하여 적극적 확신감을 줌, 에너지 회복, 생기부활
- 사용 : 흡입, 마사지, 목욕법을 이용한다. 신체를 데워주고 긴장을 풀어주는 효과가 있다. 또한 기분을 상승시키는 효과가 있는 향수나 방향제로도 쓰인다.
- 블렌딩 효과가 높은 정유 : 네롤리, 로즈우드, 만다린, 멜리사, 버가못, 샌달우드, 오렌지, 유황 장미, 제라늄, 팔마로사
- 주의사항 : 최음 및 통경 작용이 있으므로 임신 중에는 사용하지 않으나, 출산을 위한 마사지로는 유익하다. 신경을 완화하여 집중력을 방해 할 수 있으므로 주의해서 사용하고, 방향성이 강하므로 자신의 향 취향에 따라 조절하나 0.2% 정도로 사용하는 것을 추천한다.

  중독성이 있으므로 아주 소량만 사용한다. 자극과 알레르기를 일으킬 수 있으므로 점막 부위에는 사용할 수 없다.

23) 쥬니퍼(Juniper, Juniperun communis)

- 학명 : Juniperus communis
- 원산지 : 이탈리아, 유고슬라비아, 인디아, 크로아티아, 유럽, 북아메리카
- 추출 부위 : 열매
- 추출법 : 수증기 증류법
- 향의 휘발도 : middle note

➜ 향기 타입 : 상쾌한 수목향

➜ 기원 : 이 작은 관목은 북미, 아시아, 아프리카, 유럽에서 자라는데 잎과 열매는 향기롭고 종교 의식에서 태우는 향으로 많이 쓰이며 공기를 정화시키거나 페스트를 예방하는데 쓰였다.

➜ 식물의 특징 : 가지가 두꺼운 침엽 상록수이고, 작고 노란 꽃이 피며 작은 청보라색 열매가 달린다. 열매와 잎 모두 솔잎 향에 가까운 강한 향을 가지고 있다. 향유는 열매에서 증류법으로 추출하는데 옅은 노란색이다. 푸른 빛 도는 녹색의 좁고 탄탄한 가시를 가지며, 6m까지 자라는 상록의 관목 나무, 이것은 작은 꽃과 약간 둥그스름한 검은 열매를 가진다. 장티푸스, 콜레라 등 여러 전염병에 소독의 목적으로 쓰였다. 쥬니퍼의 나뭇가지를 태워 공기를 정화 시키는 용도로 사용하였다. 요즘 정유 중 비만, 이뇨, 배설 작용을 하는 오일로 널리 사용되고 인식되었다.

➜ 효능과 적용 : 이뇨와 방부의 특성 때문에 주니퍼는 특히 요도관 치료와 방광염이나 수분 배출이 잘 안되는 경우에 아주 효과적이다. 여드름, 복통, 기침, 피부염, 습진, 가스 참, 류머티즘, 피부 궤양 치료에도 쓰인다.

체내에 남아 있는 노폐물을 제거하여 다이어트에 효과적이다. 피부의 과다 각질을 제거하므로 여드름, 피부염 등의 치료에 사용된다. 지방 분해 및 수렴 작용이 있어 셀룰라이트 관리에 사용된다. 실내의 공기를 정화하고, 살균효과가 우수하다.

특징적인 향 때문에 진에 넣어서 사용될 뿐만 아니라 주니퍼 열매는 널리 음식에 사용된다. 이뇨 성질을 가지며 방광염이나 전립선 문제에 좋다. 위, 장 감염이나 회충에도 사용된다. 또한 진드기나 벼룩을 막아주는데도 도움을 준다.

- 신체 : 해독, 정혈, 이뇨, 발한으로 독소 배출, 부종, 셀룰라이트, 비만, 근육통, 류마티스, 통풍, 관절염, 방광염, 월경 장애에 적용
- 피부 : 클렌징 효과, 수렴, 여드름, 모공수축, 피부염(습진, 마른 버짐 등), 지성 피부, 탈모증에 효과적
- 정신 : 신경 강장, 정신을 맑게, 활력 제공, 상황에 도전하기 위한 영혼을 지지

➜ 사용 : 흡입, 마사지, 목욕법을 이용한다. 주니퍼 향유는 굉장히 자극적이고, 사이프러스나 파인처럼 상쾌한 목욕 향유가 된다. 피부에 마사지하면 혈액 순환이 좋아진다.

➜ 블렌딩 효과가 높은 정유 : 베티버, 로즈마리, 사이프러스, 샌달우드, 제라늄, 그레이프프루트, 버가못, 오렌지, 클라리세이지 등의 시트러스계와 잘 어울린다.

➜ 주의사항 : 신장을 자극하므로 장기간의 사용을 금하며 임신 중에는 사용을 금한다. 중한 신장 장애가 있을 때나 염증이 있을 때는 사용을 피한다.

24) 라벤더(Lavender, Lavandula angustifolia)

- 학명 : Lavendula angustifolia
- 원산지 : 지중해 연안, 유럽 남부, 유럽 중부, 인도, 프랑스 남부
- 추출 부위 : 꽃잎
- 추출법 : 수증기 증류법
- 향의 휘발도 : middle note
- 향기 타입 : 상쾌하고 달콤한 약초향이 가미된 가볍고 깨끗한 꽃향
- 기원 : 라벤다는 로마어로 씻는다는 의미인 'lavare'에서 왔다. 라벤다는 로마인들이 매일 의례적으로 했던 목욕에서 사용했던 아주 인기있는 향유였다. 그리스인들과 로마인들 모두 페스트를 예방하기 위해 방의 정화제로써 라벤다 가지를 태웠다. 로마인들에 의해 라벤다가 유럽에 들어 왔다. 성모 마리아가 예수의 옷을 라벤더 덤불위에 널어 놓았다는 전설이 있다. 이후 '향의 여왕' 또는 '성처녀 마리아의 식물'이라는 칭송을 받고 있는 라벤더는 가장 많은 사랑을 받고 있는 허브 가운데 하나이다.
- 식물의 특징 : 나뭇가지와 길고 가는 잎을 가진 관목 식물로써 라벤다는 긴 줄기에 청보라색 꽃이 핀다. 잘라서 말린 후 수증기 증류법을 사용해서 추출한다. 에센설 오일은 강한 향과 함께 연한 노란색이다.
- 효능과 적용 : 정신을 편안하게 하여 숙면에 도움을 주며 정신을 진정시켜 준다.

  진정제와 강장제의 효과를 가지고 있어서 라벤다는 신경과 감정 체계에 균형을 잘 맞춰 준다. 편두통에 탁월한 효과가 있다. 방부제로써 피부병, 폐 감염, 소화, 요도염 등의 치료에 쓰인다. 쓰임새가 굉장히 다양하다.

  피부 관리에서 가장 보편적으로 사용하는 오일이다. 피부에 청량감을 부여하며 노화피부, 민감성 피부에도 사용할 수 있다. 진정효과가 있어 불면증, 심신의 균형과 안정, 정신적 스트레스, 긴장완화에 좋다. 소염작용, 항박테리아 작용이 있어 피부 질환에 폭넓게 사용한다. 피지 분비 조절 작용이 있어 지루성 모발에는 샴푸에 첨가하여 사용한다.

  페스트 발병 중 병을 피하기 위해 많은 사람들이 말린 라벤더 꽃을 지니고 다녔다. 라벤더 향낭은 여전히 옷 서랍장, 홑이불, 베갯잇에 사용되고 있다. 라벤더의 곤충을 쫒는 특성을 나방을 쫒는데도 도움을 준다.

  모든 오일 중 가장 여러 방면에 쓰임. 재배지에 따라 많은 종류의 종이 있음.

  · 신체 : 방부, 항바이러스, 살균, 진정, 강장, 살충, 통경, 출산 고통 완화와 분만 등 출산시 도움. 생리 증후군, 생리통, 류머티즘, 불면증, 고혈압, 감기, 인후염에 적용

· 피부 : 방부, 진정, 세포재생, 여드름, 상처, 모든 피부, 건선, 습진, 튼살, 화상, 벌레 물린데, 발진에 적용

· 정신 : 불안, 분노, 피로, 초조, 긴장의 완화, 신경 진정, 중추 신경계의 균형 유지, 신체를 안정, 심리적인 무질서를 상태에 적극적 효과, 인생을 전반적으로 진정, 중추 신경계 균형, 항우울

➔ 사용 : 흡입, 마사지, 목욕, 습포법을 이용한다. 두통이나 편두통이 있을 때 흡입법을 사용하면 효과적이며 라벤더 목욕은 불면증 해소에 도움을 준다. 향긋한 라벤더 티는 숙면을 유도하여 이브닝 티로 즐겨 마시면 좋다.

의약품의 소독연고제의 향으로 사용하며 비누, 향수, 화장품의 모든 형태에 사용된다. 알코올 음료, 청량 음료와 음식류의 방향제로도 사용한다.

흡입법, 목욕, 방에 뿌리기, 마사지, 그밖의 대부분의 사용법이 가능하다. 차가운 습포로 사용하거나 끓는 물에 몇 방울 떨어뜨려서 사용하고 두통이나 편두통이 있을 때는 흡입법을 사용한다. 따뜻한 수건으로 감싸주면 신경 쇠약에 효과적이다. 늦은 밤 라벤다 목욕은 불면증 해소에 도움을 준다.

➔ 블렌딩에 효과가 높은 정유 : 거의 모든 오일과 잘 혼합된다. 시트레스계 오일, 클라리 세이지, 제라늄, 파인, 패추리

➔ 주의사항 : 무독성으로 원액으로 사용이 가능하다. 저혈압인 사람에게는 감각이 무뎌지거나 졸리는 경향과 활기가 없어지는 것을 느끼는 경우가 있고 임신 초기에는 사용하지 않는 것이 좋다. 후반기에는 소량의 사용은 무방하다.

25) 레몬(Lemon, Citurs limon)

➔ 학명 : Citrus limonum

➔ 원산지 : 유럽, 아르헨티나, 이스라엘, 아프리카, 미국

➔ 추출 부위 : 과일의 내피

➔ 추출법 : 냉압착법

➔ 향의 휘발도 : top note

➔ 향기 타입 : 신선하고 가벼운 달콤한 감귤향, 상쾌한 과일향

➔ 기원 : 일찍이 뱃사람들은 괴혈병을 예방하고 배에서 마실 물을 정화 하기 위해서 긴 항해를 떠나기 전 신선한 레몬을 비축해 두었다.

➔ 식물의 특징 : 꽃은 연분홍색이고 열매는 밝은 노란색, 연노란색이다. 지중해 대부분의 나라와 브라질, 미국, 아르헨티나, 이스라엘, 아프리카에서 재배된다. 향유는 레몬

껍질을 짜서 추출하고 진하고, 톡 쏘는 감귤류의 향 때문에 전통적으로 향수에 사용되었다. 저장을 잘못하면 향유가 흐려지고, 시간이 지나면 썩게 된다. 순환기 계통에 최상의 강장제이며 인체의 불순물을 제거하고 신경 계통의 통증에 특효가 있는 것으로 알려져 있다.

6m까지 자라는 작은 상록수로서 단단한 가시와 향기로운 꽃과 둥근 톱니 모양의 잎사귀를 가진다. 향기로운 열매는 녹색에서 성숙될수록 노란색을 띄게 된다. 강력한 살균 작용으로 인해 천연 소독제로 사용되었다.

➔ 효능과 적용 : 레몬은 방부 효과와 수렴 효과가 크기 때문에 종기, 사마귀 등의 피부 질환에 많이 쓰인다. 혈압을 낮추거나 감기, 소화 문제, 열, 담석을 치료하는데도 좋다.

피부 관리, 미백 관리에 가장 널리 사용되는 오일이다. 클렌징 효과가 있어 지성, 여드름 피부의 관리에 효과적이다. 손 관리, 부러진 손톱 관리에 활용한다. 피부의 각질을 제거하고 혈색을 밝게 한다. 상처가 있는 조직을 연화시키고, 손상된 모세혈관을 튼튼하게 한다. 기분을 상쾌하고 맑게 하므로 정신적인 안정 효과가 있다.

- 신체 : 강력한 살균, 방부, 강장, 면역 체계 강화, 수렴, 혈액 순환 촉진, 고혈압, 감기, 두통, 빈혈, 졸음, 소화 문제, 열, 담석, 식욕 부진에 효과적이다. 면역기계와 신경기계에 자극, 혈액과 림프기계에 정화 작용. 간, 담낭, 췌장과 순환기계를 강장, 방부 효과, 상처나 전염의 치유에 도움을 준다. 소화에도 도움을 준다. 산성과 콜레스테롤을 중화시켜 몸을 향상 시킨다.
- 피부 : 종기, 사마귀 등의 피부 질환(강력한 방부와 수렴 효과), 지성, 여드름 피부(클렌징 효과), 기미, 잘 부러지는 손톱, 발 티눈, 상처 조직, 손상된 모세혈관에 적용이 가능하다.
- 정신 : 기분을 상쾌하고 맑게, 정신적 안정, 감정이 뜨겁고 괴로울 때 사고를 명확히 하여 이성적 판단을 가능케 해준다. 걱정, 우울증, 혼란 등 감정의 편안함을 준다. 병을 이겨내려는 강인함과 의지를 주고 회복시킨다.

➔ 사용 : 흡입, 마사지, 목욕법을 이용한다. 대부분의 감귤류 향유처럼 레몬은 몸의 안팎을 씻어내는데 좋다. 지성 피부에 기초 화장품으로 사용한다. 증발시키면 감기를 치료하고 벌레를 쫓아준다.

➔ 블렌딩 효과가 높은 정유 : 라벤더, 네롤리, 카모마일, 쥬니퍼, 유칼립투스, 제라늄, 펜넬, 일랑일랑

➔ 주의사항 : 광독성, 피부에 사용 후 햇빛에 노출되어서는 안된다. 자외선 노출 전이나 선탠 전에는 사용을 피한다. 민감한 피부에 자극적이므로 반드시 희석하여 사용해야 한다.

26) 레몬그라스(Lemongrass, Cymbopogon citratus)

- 학명 : Cymbopogon citratus
- 원산지 : 아시아 열대 지방, 서인도, 아프리카
- 추출 부위 : 잎
- 추출법 : 수증기 증류법
- 향의 휘발도 : top note
- 향기 타입 : 코를 찌르는 강한 레몬향과 풀향
- 기원 : 예로부터 인도, 콩고, 세이셜, 인도네시아와 스리랑카에서 주로 음식에 사용된다. 레몬그라스의 주요 구성 성분인 시트랄(역주 : 레몬유등에 함유된 액체상의 알데히드-향료용)은 강하고 세척 효과가 큰 방부제로 밝혀져 옷과 신발, 양말 등의 냄새를 없애는데 사용되었다. 마른 잎을 태우면 정신 집중에 도움이 된다.
- 식물의 특징 : 레몬 같은 풀냄새가 나는 다년성 식물로 1.5m 성장한다. 레몬그라스는 열대 식물처럼 줄기가 길다. 향유는 신선하거나, 어느 정도 말린 상태의 레몬 그라스를 수증기 증류법으로 추출한다. 냄새는 신선한 레몬 향기다. 레몬 그라스는 낮은 가격의 비누나 향수, 세제에 사용된다.
- 효능과 적용 : 열을 떨어뜨린다 하여 해열제로 사용되었으면, 악취제거, 방충효과가 우수하다. 항균 작용 때문에 피부병, 목의 염증, 호흡 문제를 치료하는데 좋다. 두통에도 효과적이다.

  손상된 모발에 윤기를 주므로 상품에 첨가하여 사용한다. 모공을 수축시키고 피지 분비를 조절해 준다. 이뇨 효과가 있어, 부종과 부기를 가라앉힌다. 수렴제, 방취제, 스킨 컨디셔너로 사용한다. 살충 퇴치제로 우수. 냄새 제거와 방부 효능을 가지고 있어서 무좀과 과다 발한에 효과적이다.

  · 신체 : 탈취, 리후레싱, 방부, 수렴, 부종과 부기 감소(이뇨 효과), 소화 기능 활성화, 갱년기 장애, 근육통, 피로, 두통에 적용

  · 피부 : 방부, 모공 수축, 피지 조절, 탄력 강화, 손상된 모발, 무좀에 적용

  · 정신 : 지친 상태에서 에너지 회복과 충전, 원기회복, 영혼의 고양
- 사용법 : 흡입법, 마사지, 목욕법을 이용한다. 작용이 아주 활발한 레몬그라스는 체온을 내리고 냄새를 제거하는 데 아주 효과적이다. 무좀을 치료하고 상쾌한 향기는 원기를 북돋는다. 마사지를 하든 흡입하든, 레몬그라스는 심장 박동을 고르게 하고 소화 기능을 돕는다. 또한 방충 효과가 있다. 비누, 향수, 세제에 사용된다.
- 블렌딩 효과가 높은 정유 : 제라늄, 재스민, 라벤더, 시트러스계 오일

- 주의 사항 : 녹내장과 어린아이에게 사용하지 않는다. 전립선 비대증과 과민 피부 혹은 상처 있는 피부에 사용시 주의한다. 민감성 피부를 자극할 수 있다.
  소량으로도 강한 향을 나타내므로 사용량에 주의하며, 몸에 사용시 잔여물이 남지 않도록 한다. 자외선을 주의한다.

27) 마조람(Marjoram, Origanum marjorana, Tymus mastichina)

- 학명 : Origanum marjorana(스위트 마조람), Thymus mastichian(스페인 마조람)
- 원산지 : 이집트, 헝가리, 스페인
- 추출 부위 : 잎, 꽃의 머리부분
- 추출법 : 수증기 증류법
- 향의 휘발도 : middle note
- 향기 타입 : 부드럽고 편안한 약초향으로 스파이시하고 세련된 향
- 기원 : 그리스인들은 향수와 허브 몰약을 만들기 위해 마조람을 재배했다. 그리스인들은 마조람을 해독제와 하제용으로 처방했다. 마조람의 식물학적 이름인 오리가늄(Origan)은 그리스어의 'oros'와 'ganos'에서온 것으로 '산의 즐거움'이란 의미이다. 행복의 상징으로 알려진 마조람은 고대 로마에서 신랑, 신부의 머리에 화관을 얻는 풍습이 있었다. 또한 죽은 사람의 묘지주변에 심어주던 신성한 식물 가운데 하나이다. 그리스인들은 마조람을 해독제와 하제용으로 차방했다.
  행복을 상징하는 마조람은 신성한 식물로 여겨 결혼식 사용되었고 주로 묘지 주변에 심었다.
- 식물의 특징 : 60cm까지 자라는 연하고 무성한 다년생 식물로 털이 많은 줄기와 짙은 녹색의 갸름한 잎 모양과 작은 오렌지색 꽃을 피운다. 많이 쓰이는 다년생 식물인 마조람은 전통적인 요리용 허브 중 하나이고 신선한 잎이나 마른 잎, 그리고 꽃송이에서 수증기 증류법으로 마조람의 황갈색 향유를 추출한다. 줄기는 털이 많고 잎은 진녹색의 달걀 모양이고 꽃이 작고 회백색으로 매듭같이 뭉쳐서 자란다.
- 효능과 적용 : 몸을 데워주는 작용 때문에 경련을 완화시키는 데 좋고, 특히 신경계 치료에 좋다. 불안과 불면에 사용될 뿐 아니라 관절염, 천식, 기관지염, 순환 문제, 변비, 두통, 생리 불순, 근육 당김, 류머티즘 치료에도 쓰인다.
  진정 작용, 천식, 변비, 고혈압 등에 효과가 좋음. 성욕 억제제, 근육 경련, 편두통, 통증에 사용하면 좋다.

축농증, 콧물, 바이러스 및 박테리아 전염 등에 좋음. 근육을 따뜻하게 정화시킨다. 근육의 피로를 풀어주므로 운동 후 마사지에 활용한다. 진정, 안정의 효과가 있으므로 월경 기간동안 복부 마사지를 하면 효과적이다. 동맥과 모세혈관을 확장시켜 따뜻한 느낌을 갖게 한다. 목욕시 첨가하면 이완, 안정의 효과가 있다.

· 신체 : 몸을 데워주는 작용 때문에 경련을 완화시키는데 좋고, 특히 신경계 치료에 효과적. 소화시스템 진정으로 복통, 복부팽만, 소화불량, 변비에 효과적. 혈액순환과 림프순환 촉진, 관절염, 천식, 기관지염, 두통, 생리불순, 근육 당김, 류마티즘, 고혈압에 적용
· 피부 : 동상, 타박상에 효과적이다.
· 정신 : 신경계 진정, 정서불안 해소, 스트레스 해소, 정신을 강화하여 직면문제 도와 줌. 감정을 따뜻하게 하는 효과로 슬픔과 외로움에서 위안의 감정 느낌, 지나치게 활동적인 사람에게 효과, 고독감을 느낄 때 기분 전환, 최음, 신경 쇠약 시 첨가하면 이완, 안정의 효과

➔ 사용 : 흡입법, 마사지, 버가못, 라벤다, 로즈마리와 잘 혼합된다. 목욕시 바디 오일로 쓰면 몸을 덥혀 주고 긴장을 완화시킨다. 목욕시 첨가하면 혈관을 확장시켜 따뜻한 느낌을 갖게 하며, 몸을 덥혀주고 긴장을 완화시킨다. 수증기로 흡입하거나 관자놀이에 부드럽게 발라주면 감기를 치료할 수 있다. 강하고 약간 톡 쏘는 향은 남자향수에서 종종 사용된다.

➔ 블렌딩 효과가 높은 정유 : 라벤더, 캐머마일, 사이프러스, 오렌지, 로즈마리, 일랑일랑, 유칼립투스, 라임

➔ 주의사항 : 임신 중에는 사용을 금한다. 마취작용이 있을 수 있으므로 너무 많은 양을 사용하면 안된다. 저혈압이나 노약자, 어린이게 사용하지 않는다.

28) 멜리사(Melissa, melissa officinalis)

➔ 향의 휘발도 : middle note

➔ 추출 부위 : 꽃, 잎

➔ 기원 : 고대 그리스에서 2000년 전부터 사용되었던 멜리사는 여신 다이애나에게 바쳐졌다. 식물학자는 한 세기 동안 우울증을 사라지게 하는 멜리사의 효능을 이용하였고 오늘날의 아로마테라피스트들은 우울증을 완화시키기는데 사용하고 있다. 그리스인들과 아랍인들은 멜리사의 특성을 알고 있었고 16세기의 스위스 의사 파라셀서스(Paracelsus)는 멜리사를 불로장생 약이라고 불렀다.

➔ 식물의 특징 : 거의 유럽 원산지인 멜리사는 북아메리카에서도 재배된다. 멜리사는 스위트밤(Sweet balm)이나 레몬밤(Lemon balm)으로 더 잘 알려져 있는데 민트과에 속하는 다년생 관목이다. 향유는 레몬 향이 나고 잎을 증류해서 추출한다.

순수 멜리사 100%로는 수확량이 적어 아주 값비싼 오일이나, 대부분의 멜리사 오일들은 멜리사 인디쿰이라는 시트로넬라 정유이다.

➔ 효능 : 불면증에 효과가 좋고 신경계를 안정시켜 준다. 위경련, 메스꺼움, 아침 증후군과 같은 소화 문제에 사용 가능하다.

멜리사의 기분 상승 효과와 신경 안정 효과가 우울증 환자 치료에 쓰인다는 것은 오랫동안 알려져 왔다. 멜리사의 이러한 강장 효과와 근육 경련 진정 효과는 알레르기나 감기, 설사, 고혈압, 월경 불순, 편두통, 스트레스, 두통, 구토, 가슴 두근거림 등에도 효과적이다.

➔ 사용법 : 흡입법, 목욕, 마사지에 사용 가능하다. 이 에센셜 오일은 혈압을 낮추고 긴장을 완화 시킨다. 목욕물에 6방울 떨어뜨린다. 멜리사는 몸과 마음을 진정시키면서 기분을 밝게 해준다.

➔ 주의사항 : 임신중에는 사용을 금하며, 민감한 피부에 자극적일 수 있다. 과다 사용하면 두통의 원인이 된다.

29) 미르(Myrrh, Commiphora myrrba)

➔ 향의 휘발도 : middle note

➔ 추출 부위 : 줄기, 가지

➔ 기원 : 이집트인과 그리스인은 미르(몰약)를 귀중품으로 취급했다. 이집트와 그리스 모두 신을 섬길 때나 축하 의식, 화장품, 향수, 약초를 사용한 치료 등에서 미르를 사용했다. 이집트인들은 미이라를 만들 때나 정화작업을 할 때 미르와 프랑킨센스를 함께 사용한다.

➔ 식물의 특징 : 관목 비슷한 작은 나무인 미르는 아라비아, 소말리아, 에티오피아와 그 밖의 북아프리카 나라들이 원산지이다. 비록 나뭇잎이 향기롭기는 하지만 끈적이는 노란색 에센셜 오일을 증류법으로 추출해 낼 때 사용하는 것은 나무의 진액이다. 냄새는 강하고 약간 톡 쏘며 달콤하다.

➔ 효능과 적용 : 방부, 살균 효과, 목, 입과 잇몸 등의 상처 치료에 도움을 준다. 소화촉진. 기관지염, 감기, 콧물, 목 아픔 등과 같은 호흡기 문제에 도움을 준다. 노화 피부를 개선시켜 준다.

항염과 거담제 역할을 하는 미르는 기관지염, 콧물 감기, 기침, 감기를 치료한다. 소화 문제, 입과 목의 염증, 피부병을 치료하는 데도 좋다.

- 블렌딩 효과가 좋은 정유 : 냉각 효과 때문에 장뇌나 라벤다와 잘 혼합된다.
- 사용법 : 흡입법과 마사지, 약이나 향수에 사용된다.
- 주의사항 : 임신 초기에 사용 금지

30) 만다린(Mandarin, Citrus mandurensis)

- 학명 : Citrus mandurensis
- 원산지 : 브라질, 스페인, 이탈리아
- 추출 부위 : 과일 내피
- 추출법 : 냉 압착법
- 향의 휘발도 : top note
- 향기 타입 : 오렌지와 비슷한 향
- 기원 : 중국의 관리들이 군주에게 존경의 표시로 선물하였고, 활력을 주는 오일로 알려져 있다. 지금도 향수와 식용으로 널리 사용되고 있다.

  중국의 관리들이 군주에게 존경의 표시로 선물하였으며 사람들의 원기를 북돋워 주는 용도로 사용되었다. 지금도 향수의 원료와 식용으로 널리 사용되고 있다.
- 식물의 특징 : 향기로운 꽃과 열매를 맺는 감귤계의 작은 상록수이다. 윤기 나는 잎과 향기로운 꽃, 과육질을 가진 과일이 열리는 6m까지 자라는 작은 상록수이다.
- 효능과 적용 : 신경 긴장, 수분 정체, 기름 낀(지성) 및 정체된 피부에 사용하면 좋음. 튼 살에 효과적인 도움을 준다.
  - 신체 : 소화 불량, 식욕부진, 비만, 딸국질, 불면증에 적용
  - 피부 : 민감성 피부, 여드름, 지성피부, 상처, 튼살, 반점, 정체된 피부에 적용
  - 정신 : 기분 고양, 항우울, 근심, 긴장, 불안, 초조 해소
- 사용 : 흡입, 마사지, 목욕법을 이용한다. 오렌지의 달콤한 향이 퍼져 몸 속이 청결해지며 밝은 기분이 든다. 새콤하고 깔끔한 향인 만큼 처음 사용하는 사람이나 불면증이 있는 아이의 방에 놓아도 좋다. 식품 향료, 주류 산업, 향수 산업에서 광범위하게 사용되고 있으며 특히 남성들을 위한 면도 후 토너로 많이 사용된다.
- 블렌딩 효과가 높은 정유 : 네롤리, 시나몬, 크로브, 시트러스계 오일
- 주의사항 : 모든 감귤계와 마찬가지로 광과민성 피부에 사용하지 않으며 자외선 노출 전에는 가급적 사용을 피한다.

31) 네롤리(Neroli, Citrus aurantium var. amara)

- 학명 : Citrus aurantium(sweet orange) / Citrus vugaris(bitter orange)
- 원산지 : 이탈리아, 모로코, 프랑스, 이집트
- 추출 부위 : 꽃
- 추출법 : 수증기 증류법
- 향의 휘발도 : base note
- 향기 타입 : 달콤하고 톡 쏘는 오렌지 꽃 향
- 기원 : 네롤리 오일은 오렌지 꽃으로 더 잘 알려져 있다. 네롤리는 로마인들이 발견한 것으로 알려져 있다. 1680년에 네롤리의 공주 안나 마리아가 목욕물과 장갑을 향기롭게 하기 위해 네롤리를 사용했고, 이탈리아 상류 계급에 네롤리 향기를 유행시켰다.

  네롤리는 중국이 원산지인 쓴 오렌지 나무의 하얀 꽃에서 추출한다. 또한 이집트와 모로코, 알제리, 미국, 이탈리아, 남프랑스에서도 자란다. 연노란색 향유는 약 1톤의 꽃에서 단지 1kg(2lb)의 향유만 추출될 정도로 생산 단가가 비싸다. 네롤리 꽃은 막 피려 할 때 손으로 따서 증류법으로 처리된다. 강력한 기분 상승 효과가 있는 네롤리의 꽃 향기는 백합향과 비슷하고 오데코롱에서 많이 사용된다.

  이탈리아의 공주 네롤리의 이름을 따서 붙여진 오렌지브로섬이라고도 불리는 이것은 전통적으로 신부를 진정시키기 위해 부케로 사용되었다. 아름다운 향기와 건성, 노화, 민감성 피부에 좋은 효능 때문에 화장품과 향수에서 인기있는 성분이다. 짙은 녹색의 윤기 나는 잎과 길지만 날카롭지 않은 가시를 가지며, 10m까지 자라는 상록수이다.

  열매는 스위트 오렌지보다 더 작고 더 짙은 색을 띤다. 네롤리라는 이름은 이탈리아의 공주이자 네노리의 백작부인인 안나 마리아가 이것을 장갑에 묻혀 향수로 그리고 목욕물에 뿌려 사용한 것이 유래가 되었다. 순결을 상징하는 이것은 결혼식 때 신부에게 장식용으로 사용되었다. 음식에서도 인기 있는 재료로 쓰였다. 또한 지금은 아주 고가의 화장품, 향수의 재료로 사용되고 있다.
- 효능과 적용 : 훌륭한 안정제이면서 항 우울제 효과가 있는 네롤리는 불안, 히스테리, 충격, 심장 두근거림을 완화시키고 불면증을 없애 준다. 피부염, 건성 피부, 생리 전 증후군, 갱년기 문제의 치료에도 좋다.

  세포 재생 효과가 있으므로 노화 피부의 관리에 활용한다. 문제성 피부의 관리에 탁월한 효과가 있다. 마음을 안정시키는 작용이 있어 스트레스성 기미의 치료에 효과적이다. 튼살, 반흔, 임신선의 예방과 치료에 효과적이다.

자신감을 촉진. 긴장을 풀어주고, 정신적, 감정적 스트레스, 걱정을 경감시키기 위한 힘을 줌. 두려움, 우울증, 슬픔(비통), 쇼크 및 히스테리 등의 감정으로부터 편안함을 줌. 온화하게 하고 긴장을 풀어주는 최음제 작용. 불면증을 치료하고 깊고 편안한 수면을 증진. 피부 보호를 위한 진정과 원기회복에 도움을 준다.

- 신체 : 원기 회복, 불면증, 소화불량에 적용 가능하다.
- 피부 : 새포재생 효과, 건성 및 노화 피부, 상처, 튼살, 반흔, 임신선, 정맥류 등 문제성 피부에 적용 가능하다.
- 정신 : 최음, 다소의 행복감, 가슴 두근거림, 만성 불안, 우울과 히스테리, 쇼크 상태를 진정, 평화의 감정을 스며들게 한다.

➔ 사용법 : 흡입, 마사지, 목욕법을 이용한다. 긴장을 완화시키는 효과가 강하지만 정신집중만을 목적으로 사용할 때는 사용을 금한다. 화장품이나 오데코롱의 성분으로 사용된다.

생리 전 증후군을 완화시키거나 순환을 좋게 하기 위해서 또는 단지 향긋한 향과 긴장 완화 효과를 위해 바디 오일에 섞거나 목욕할 때 사용한다.

➔ 블렌딩 효과가 높은 정유 : 재스민, 라벤더, 로즈, 레몬

32) 오렌지(Orange, Citrus auranium, Citrus vugaris)

➔ 학명 : Citrus aurantium(sweet orange) / Citrus vugaris(bitter orange)

➔ 원산지 : 호주, 미국, 브라질

➔ 추출 부위 : 과일의 내피

➔ 추출법 : 냉압축법

➔ 향기 휘발도 : top note

➔ 향기 타입 : 달콤하고 따뜻한 과일향, 톡 쏘는 감귤향

➔ 기원 : 오렌지 나무의 원산지는 중국이고 스위트 오렌지(Sweet orange)와 비터 오렌지(Bitter orange) 정유는 향기로움 때문에 오랫동안 음식과 화장품에 그리고 의학적으로 사용되고 있다. 스위트 종은 기관지 분비 작용을 증가시키고 신맛은 가래를 촉진시킨다.

➔ 식물의 특징 : 스위트 오렌지 향유와 비터 오렌지 향유는 비슷하고 둘 다 신선한 오렌지 껍질을 냉압법으로 처리해서 추출해 낸다(오렌지 꽃에서 추출하는 것은 네롤리 오일 뿐이다). 두 향유는 노란색에서 갈색까지 색깔의 범위가 넓고 향긋한 향 때문에 향수에 많이 사용된다.

➔ 효능과 적용 : 원기를 북돋아주면서도 진정 효과가 있는 오렌지 향유는 불안과 우울을 치료하는 강장제이다. 소화 촉진, 변비 해소에 효과적이다. 방부 특성 때문에 입이 헐은 데도 효과적이다.

피부 재생 효과가 있어 피부 관리에 필수적으로 사용되는 오일이다. 콜라겐의 생성을 촉진시키므로 노화피부에 효과적이다. 셀룰라이트를 분해하기 때문에 비만관리에 이용된다. 발한을 촉진시켜 피부의 노폐물 배출을 촉진한다.

림프액의 순환을 촉진시켜 전신 부종을 완화시킨다. 우울증, 히스테리, 긴장 완화 등에 효과적이다.

- 신체 : 식욕 증진, 혈액순환 촉진, 소화 촉진, 감기, 독감, 변비, 헛배부름, 소화 불량, 부종, 비만에 적용 가능하다.
- 피부 : 노화피부(세포 재생효과), 피부 노폐물 배출 촉진(발한 촉진), 지성, 복합성 피부, 구강 궤양, 염증, 셀룰라이트에 적용 가능하다.
- 정신 : 항우울, 긴장과 스트레스 해소, 우울 개선, 에너지 부족시 생기를 부활 시킨다.

➔ 사용 : 흡입, 마사지, 목욕법을 이용한다. 비타민 C가 풍부하여 비누, 세정제, 목욕제품 등 화장품 산업에서 음료수, 술, 초콜릿 제조까지 이용 범위가 넓고, 방향제로서 폭넓게 쓰인다.

➔ 블렌딩 효과가 높은 정유 : 클라리세이지, 로즈마리, 네롤리, 레몬, 라벤더

➔ 주의 사항 : 비터 오렌지는 광독성으로 자외선 노출시 주의를 요한다. 스위트 오렌지는 함유된 Limonene 성분으로 피부염이 발생된 적이 있다고 보고가 있으며 자주 사용하면 두통, 어지러움 등이 일어날 수 있다. 반드시 희석해서 사용한다.

33) 파슬리(Parsley, Petroselinum sativum)

➔ 기원 : 파슬리와 관련된 많은 속담이 전해진다. 중세에는 집주인이 '정직'해야만 정원에 파슬리가 자란다고 믿었다. 파슬리를 씹으면 악령을 물리칠 거라 생각했고, 이후에는 나쁜 입 냄새를 제거해 준다는 것이 밝혀졌다.

➔ 식물의 특징 : 소아시아가 원산지인 파슬리는 지금은 전 세계에서 발견된다. 일반 파슬리는 요리에 사용하고 에센셜 오일을 얻기 위해 재배된다. 최상질의 파슬리 향유는 잘 익은 씨앗에서 추출하지만 잎에서도 증류법을 통해 향유를 얻는다. 강하고, 풀냄새가 나며 톡 쏘는 향기를 가지고 있고, 허브 향수와 화장품에 많이 사용된다.

이뇨 효과가 있어서 신장이나 비뇨기 문제, 그리고 수분 배출이 잘 안될 때 효과가 있다. 비타민 A도 풍부해서 건강한 머리카락, 피부, 치아, 눈에 도움이 된다. 철 성분도 많아서 혈액과 간에 좋고 월경 기간이나 갱년기에도 좋다.

➔ 사용법 : 마사지. 수분 배출이 잘 안될 때 펜넬과 혼합해서 몸에 마사지 하면 도움이 된다. 레몬 오일, 로즈마리 오일과 함께 섞으면 간과 신장의 독성 해소에 좋다. 보통 좋은 파슬리 오일은 신경계를 안정시킨다.

신선하고 달콤한 오렌지는 열매 만큼이나 풍성한 다산을 의미하기도 한다. 특히 오렌지 나무에서는 세 종류의 에센셜 오일을 추출하는데, 열매에서는 오렌지, 잎과 잔가지에서는 페티트그레인, 꽃에서 추출하는 네롤리이다. 화장품과 향수, 식품 산업에 이르기까지 널리 사용된다.

➔ 주의사항 : 예민하거나 광과민성 피부에는 사용하지 않으며, 자외선 노출전이나 선탠 전에는 사용하지 않는다.

34) 팔마로사(Palmarosa, Cymbopogon martinii)

➔ 학명 : Cymbopogon martini

➔ 원산지 : 인도와 파키스탄, 현재는 아프리카, 인도네시아, 브라질과 코모로 섬

➔ 추출 부위 : 잎

➔ 추출법 : 수증기 증류법 또는 물 증류법

➔ 향의 휘발도 : top note

➔ 향기 타입 : 부드러우면서 원만하고 따뜻한 향, 레몬향과 장미향이 섞인 듯한 달콤한 꽃향

➔ 기원과 특징 : 인도의 제라늄 오일로 알려져 있다. 인도의 전통 의학에서는 열을 내리거나 소화기 계통의 질환에 쓰여 졌다.

➔ 효능과 적용 : 마음의 정화, 방부, 피부 보습과 진정, 피부 세포의 재생과 활성화, 여드름과 기타 피부 문제에 도움, 소화촉진, 항바이러스성이다.

- 신체 : 살균, 진정, 식욕 촉진, 혈액순환의 자극, 해열, 신경성 탈진 상태, 피로, 비뇨기 장애, 장염, 관절의 경직에 효과적이다.
- 피부 : 상처 자극, 보습, 세포재생. 건성, 노화, 주름 피부에 적용 가능하다.
- 정신 : 감정을 uplifting을 진정, 정신을 맑고 신선하게. 스트레스에 적용 가능하다.

➔ 사용 : 흡입, 마사지, 목욕법을 이용한다. 향료 구성 성분으로 화장품, 향수산업, 비누 등에 광범위하게 사용되며 식품 향료에서 빼놓을 수 없는 성분이다.

- 블렌딩 효과가 높은 정유 : 라벤더, 로즈우드, 제라늄, 마조람 등
- 주의사항 : 일반적으로 무독, 무자극, 무감작성이다. 높은 함유량은 지각마비를 일으킬 수 있으므로 적정함량을 사용해야 한다.

35) 패츄리(Patchouli, Pogostemon patchouli)

- 학명 : Pogostemon Patchouli
- 원산지 : 말레이시아, 인도, 중국
- 추출 부위 : 잎
- 추출법 : 수증기 증류법
- 향기 휘발도 : base note
- 향기 타입 : 바닐라 향과 흡사한 달콤하고 지속적인 향
- 기원 : 로즈, 재스민, 샌달우드, 바질과 함께 패츄리는 인도에서 가장 인기 있는 향수였다. 최음 효과가 있는데 그 효과 때문에 1960년대에 다시 인기가 있게 됐다.
  로즈, 재스민, 샌달우드, 바질과 패츄리는 인도에서 가장 인기 있는 향수로 숄과 담요는 이 정유 냄새에 배어 있었다. 최음 효과가 있기 때문에 1960년대에 다시 인기가 있게 됐다. 패츄리 정유는 말려서 발효된 작은 관목의 잎으로부터 추출되는데 진하고 나무 향내 나는 달콤한 발삼향을 낸다. 패츄리 오일은 시간이 지날수록 품질이 좋아져 향수의 고정제(보류제)로 사용된다.
- 식물의 특징 : 오리엔탈 향수의 고착제로 널리 알려진 패츄리는 다년생의 무성한 허브로 자줏빛 흰 꽃을 피우며 1m까지 성장한다. 오랫동안 벌레나 뱀에게 물렸을 때 해독제로 사용되었다. 패츄리 향유는 말려서 발효된 작은 관목의 잎으로부터 추출되는데 진하고 나무 향내 나는 달콤한 발삼 향을 낸다. 패츄리 오일은 시간이 지날수록 품질이 좋아져 향수의 고정제(보류제)로 사용된다.
- 효능과 적용 : 패츄리는 수렴제이고 비듬, 여드름, 습진, 상처를 포함한 두피와 피부 문제에 치료효과가 있다. 기분 상승 효과가 있어서 우울과 불안 치료에도 좋고 혈액 순환이 잘 안될 때도 도움이 된다.
  피부 질환 치료제로 효과가 있으며 노화된 피부에도 좋다. 피부 관리와 향수 제제로 쓰이고, 충혈을 완화시킨다. 세포 재생 작용이 있어 반흔이나 튼살관리에 좋다. 체취 방지 및 발한 억제 작용이 있다. 항염증작용과 해독작용이 뛰어나다. 일광화상과 피부염 치료에 이용된다.

최음제로써 불감증 완화, 무기력, 혼란, 우울증, 스트레스, 걱정 등을 완화, 진정, 방부, 항균, 항 박테리아 효능, 피부 조직을 재생시키므로 나이든 피부, 트거나 갈라진 피부, 여드름, 비듬, 습진 및 다른 피부 문제 등에 사용 가능하다.

- 신체 : 방취, 발한 억제, 이뇨, 해열, 항균, 방충, 강장에 효과적이다.
- 피부 : 강한 수렴효과, 상처 치유, 세포 재생. 여드름, 무좀, 갈라진 피부, 반흔, 화상, 피부염, 습진, 모발 손상, 셀룰라이트에 적용 가능하다
- 정신 : 최음, 땅의 에너지로 균형 효과 증진, 지혜로운 문제 해결 능력과 무기력과 피로 상태 해소에 도움을 준다.

➔ 사용법 : 흡입법, 목욕, 마사지. 적은 양도 큰 효과를 낸다. 좀 더 많은 양은 진정 작용을 한다. 종종 향수로 사용되고 이국적인 느낌의 마사지를 위해서도 사용된다.
흡입, 마사지, 목욕법을 이용한다. 적은 양도 큰 효과를 낸다.
종종 향수로 사용되고 이국적인 느낌의 마사지를 위해서도 사용한다. 주로 화장품 제조, 비누와 향수의 향 고정제로 사용한다. 알코올과 청량 음료수와 같은 식품에도 이용한다. 불쾌한 냄새와 맛을 차단하는 효과가 있다.

➔ 블렌딩 효과가 높은 정유 : 버가못, 베티버, 시더우드, 클라리세이지, 클로브, 프랑킨센스, 제라늄, 라벤더, 네롤리

➔ 주의사항 : 무독, 무자극성이다. 그러나 과용은 식욕부진, 불면증, 신경 발작을 일으킬 수 있다. 자극적이지 않으나 강한 향의 작용으로 과다하게 사용할 때 식욕 부진, 불면, 신경발작을 유발할 수 있다. 낮은 용량은 진정효과, 높은 용량은 자극효과가 있으므로 용량에 주의해야 한다.

36) 페퍼민트(Peppermint, Mentha piperita)

➔ 학명 : Mentha piperata

➔ 원산지 : 미국, 호주, 일본

➔ 추출부위 : 잎, 꽃의 머리부분

➔ 추출법 : 수증기 증류법

➔ 향의 휘발도 : top note

➔ 향기 타입 : 상큼하고 강한 침투성(흡수성)의 박하향

➔ 기원 : 이집트인은 와인과 음식을 향기롭게 하는데 페퍼민트를 사용했고, 페퍼민트의 멘톨 성분을 높이 평가했다. 17세기에 컬 페퍼는 페퍼민트가 가스나 구토 같은 위장 장애에 가장 유용한 식물이고 페퍼민트 만큼 강력한 효과를 지닌 것이 없다고 적고 있다.

이집트인은 와인과 음식을 향기롭게 하는데 페퍼민트를 사용했고 페퍼민트의 멘톨 성분을 높이 평가했다. 고대 그리스, 로마인들은 페퍼민트 허브차를 즐겨 마셨으며 이것을 이용하여 목욕을 하여 생활의 활력을 얻는 충전 요소로 사용하였다고 한다. 많은 약초들과 함께 페퍼민트는 고대의 이집트, 희랍 그리고 로마인들에게 알려져 있었으며 특히 로마인들은 축제에 페퍼민트 관을 쓰고 참석하여 페퍼민트의 해독 작용을 기대했던 것 같다. 이 밖에도 와인의 성분으로도 사용하기도 하고 약간의 최음 효과를 이용한 향수 성분으로 사용되었다.

➔ 식물의 특징 : 페퍼민트의 잎은, 좀더 큰 보라색 꽃이 달리는 스피아민트 보다 작고 넓다. 브리티시 클래식(British classic)가 전세계에 퍼져 있다. 거의 색깔이 없는 페퍼민트 오일은 부분적으로 건조된 식물을 증류해서 추출하고 원기를 북돋우는 강한 향을 낸다.

1m까지 자라는 다년생의 허브로 흰 페퍼민트는 녹색 줄기와 잎을 지니고 블랙페퍼민트는 진한 녹색의 톱니형 잎과 보라색 줄기와 붉은 보라색 꽃을 피운다.

➔ 효능과 작용 : 일반적으로 손, 발이 무감각해진 것을 풀어주고 피로한 근육에 냉온 효과를 준다.

소화촉진과 피부 정돈에 탁월한 효과가 있다. 감기, 독감, 가스 참, 두통, 소화 불량, 메스꺼움, 치통, 햇볕에 탄 데 좋다.

몸과 마음을 자극하여 활력을 회복하게 한다. 냉각효과, 통증 완화작용이 있어 피로한 발관리에 효과적이다. 순환계의 흐름을 촉진시켜 비만을 완화시킨다. 항염증, 항박테리아 작용이 있어 여드름관리에 이용된다. 소화를 돕기 위한 복부 마사지에 사용된다. 피부 연화제, 방부제, 근육 이완제로 사용한다.

상쾌함, 마음을 자주 촉진시키고, 집중력 강화, 두통, 메스꺼움 등의 상태에 우수한 효과. 소화질환에 효능이 높고, 발열, 감기, 유행성 독감에 좋다.

방부효과, 피부 정화를 위해 좋고, 근육통, 관절통, 생리통을 경감시켜 주는데 도움이 된다.

- 신체 : 해열, 소화관 긴장 완화로 위통, 복통, 소화불량, 설사에 효과적이다. 피로, 감기, 근육통, 관절통, 두통, 멀리, 메스꺼움, 구취, 생리통, 신경통, 치통에 적용 가능하다.
- 피부 : 충혈, 여드름, 피부염, 발 붓는데, 백선, 습진에 적용 가능하다.
- 정신 : 정신 고양, 집중력 강화, 자연적 쿨링효과로 자연적인 히스테리 감소, 정신적 피로, 우울 해소에 도움을 준다.

➔ 사용법 : 흡입법, 목욕, 마사지, 페퍼민트 향유는 복통을 가라앉히는 물약(Gripe water)이 아직 사용된다. 손수건에 몇 방울 떨어뜨리면 두통을 완화시키고 멀미를

가라앉힌다. 페퍼민트는 냉각 효과 때문에 여름 스킨 로션이나 바디 오일로도 쓰인다. 지치고 냄새나는 발을 위해 족욕에 사용한다. 모세혈관 확장증(붉은 볼)을 완화시키기 위해서는 습포로 사용한다.

흡입, 마사지, 목욕법을 이용한다. 손수건에 몇 방울 떨어뜨리면 두통을 완화 시키고 멀미를 가라앉힌다. 냉각효과 때문에 여름철용 스킨로션이나 바디 오일로도 쓰인다. 지치고 냄새나는 발을 위해 족욕에 사용한다.

모세혈관 확장증(붉은 볼)을 완화 시키기 위해서는 습포로 사용한다. 흡연으로 인한 구취를 제거해 주는 구취 청결제의 원료로 이용되며 소화기 계통을 촉진시키는 효과로 식후에 먹은 민트 사탕이나 초콜릿 또는 음료의 원료로 많이 사용되고 있다.

- 블렌딩 효과가 높은 정유 : 벤조인, 로즈마리, 라벤더, 마죠람, 제라늄, 레몬, 유칼립투스, 버가못과 잘 혼합된다.
- 주의사항 : 무독, 무자극성이나 멘톨 성분으로 민감 반응을 일으킬 가능성이 있다. 적당한 농도로 사용해야 한다.

많은 양을 사용시 후두경련(후두의 폐쇄)을 일으킬 수 있음. 피부자극을 일으킬 수 있고, 이러한 동종 요법 치료에는 사용할 수 없다.

페퍼민트에는 80%, 멘톨과 30%까지의 멘톤 그리고 다른 케톤 성분으로 주류를 이루므로 사용하는 양에 유의하여야 하며 가능한 6세 미만 어린이에게는 사용하지 않는다. 마사지시 피부와 점막에 자극을 줄 수 있으므로 사용량에 주의를 기울인다.

임산부, 산모에게는 사용을 금한다. 희석해서 사용해야 하며 다른 오일과 혼합할 때는 아주 소량만 사용한다. 눈 주위와 점막 부분에는 자극을 일으킬 우려가 있으므로 사용하지 말아야 한다. 강한 자극제로 밤이나 장시간의 사용은 금한다.

자극을 줄 수 있기 때문에 피부 트러블이 있는 사람은 1% 보다 진하게 사용하면 안된다.

37) 페티트그레인 (Petitgrain, Citus aurantium var. amara)

- 향의 휘발도 : middle note
- 추출 부위 : 잎
- 식물의 특징 : 비터오렌지의 잎과 잔가지로부터 추출되는 페티트그레인 오일은 최근까지도 향수의 원료로 이용되었으나 페티트그레인 오일이 네롤리 오일과 거의 같은 효능을 나타낸다고 알려지면서 값비싼 네롤리 오일을 대신하는 오일로 알려지게 되었다.

➔ 효능 : 마음정화와 정신적 피로를 풀어줌. 불면증과 소화력 향상 촉진에 도움. 신경계를 진정시킨다. 여드름과 같은 피부 결점을 정화시키는데 도움을 주므로 피부의 강장 효과가 있다.

➔ 주의사항 : 아주 민감한 피부를 제외하고는 안전하게 사용할 수 있다. 무독성이며, 무자극, 무광독성을 나타낸다.

38) 파인(Pine, Pinus sylvestris)

➔ 학명 : Pinus sylvestris(pine scotch)

➔ 원산지 : 북유럽, 미국

➔ 추출부위 : 침엽

➔ 추출법 : 수증기 증류법

➔ 향의 휘발도 : middle note

➔ 향기 타입 : 강한 건조한 발삼, 연한 송진 냄새가 나는 싱그러운 향

➔ 기원 : 스칸디나비아 인은 원기를 북돋아주고 방부 특성이 있는 파인을 전통적으로 사우나와 증기욕에서 사용했다. 고대 이집트, 그리스에서는 종교의식시 사용되었으며 흡입법을 최초로 사용하였다. 스칸디나비아인은 원기를 북돋아주고 방부 특성이 있는 파인을 전통적으로 사우나와 증기욕에서 사용했으며 폐염에 효과적으로 알려져 폐에 발생하는 여러가지 질병이 있는 사람들은 울창한 소나무 숲에 모여 살았다.

➔ 식물의 특징 : 이 소나무 종은 유럽과 북미, 러시아 전역에 야생으로 자란다. 일반 파인 오일은 나무의 중심부에서 추출하지만 최상질의 파인 오일은 파인의 잎에서 증류법으로 추출한다. 파인 오일은 연한 송진 냄새가 나는 싱그러운 향이 난다.
40m까지 자라는 키가 큰 상록수로 이 소나무 종은 유럽과 북미, 러시아 전역에 야생으로 자란다. 일반 파인 오일은 나무의 중심부에서 추출하지만 최상질의 파인 오일(Pine oil)은 파인의 잎에서 증류법으로 추출한다.

➔ 효능과 적용 : 방부 효과가 있고 특히 기관지염, 코감기, 감기, 부비강염 등의 호흡기관 치료에 효과적이다. 방광염, 관절염, 근육 통증 치료도 돕는다.
냄새를 제거하는 탁월한 효과가 있다. 거담작용으로 기관지염, 천식과 같은 호흡기 질환에 효과적이다. 피부를 마사지 할 때 섞어서 사용하면 근육의 피로를 풀어준다. 목욕할 때 몇 방울을 넣으면 지친 마음을 편안하게 해 주는 효과가 있다.
신경탈진과 피로 회복 향상. 순환장애, 기관지염, 콧물, 천식, 축농증에 도움. 공기 정화 효과가 있으므로 호흡기 질병이 있을 때 증발 요법으로 우수한 효과를 나타낸다.

· 신체 : 살균, 방부, 거담제. 감기, 기침, 독감, 류마티즘, 부비강염, 방광염, 근육통, 관절염에 적용 가능하다.

· 피부 : 습진, 백선에 적용가능하다.

· 정신 : 나약한 감정에 좋은, 정신적 피로를 신선하게 풀어 준다.

➔ 사용 : 흡입법, 목욕, 마사지, 파인 오일은 가정 용품에 소나무 향을 내거나 남성 향수를 만들 때 많이 사용되는데 밤(Balm), 비누, 목욕 오일을 만드는 화장품과 제약 산업에서도 많이 사용된다. 파인 오일은 방부 효과가 있는 냄새 제거제로도 사용될 수 있고(신발에 몇 방울 떨어뜨린다), 사우나에서 상쾌한 증기를 만들어 낼 수도 있다.
가정용품에 소나무 향을 내거나 남성 향수를 만들 때 많이 사용되며 밤(Balm), 비누, 목욕 오일을 만드는 화장품과 제약 산업에서도 많이 사용된다. 방부 효과가 있는 냄새 제거제로도 사용(신발에 몇 방울 떨어뜨림)되고, 사우나에서 상쾌한 증기를 만들어 낼 수도 있다.

➔ 블렌딩 효과가 높은 정유 : 시더우드, 로즈마리, 티트리, 세이지, 라벤더, 쥬니퍼, 레몬, 카제풋, 유칼립투스, 마죠람과 잘 혼합된다.

➔ 주의사항 : 과민 반응이 일어날 수 있으므로 민감성 피부에는 주의를 요하며 낮은 농도에서만 사용한다.

39) 라임(Lime)

➔ 향기타입 : 레몬의 상큼한 향

➔ 효능 : 림프, 혈액순환을 개선시켜 노폐물의 배출을 촉진하여 부종을 완화시켜주므로 비만관리에 효과적이다. 진정제, 수면제로 이용한다.

➔ 블렌딩 효과가 높은 오일 : 클라리 세이지, 라벤더, 네롤리, 로즈마리

➔ 주의사항 : 피부에 사용 후 직사광선은 피한다. 피부에 자극적이므로 희석하여 사용한다.

40) 장미(Rose, Rosa damascena)

➔ 학명 : Rosa damascena / Rosa centiflia / Rosa gallica

➔ 원산지 : 불가리아, 프랑스, 터키, 모로코

➔ 추출부위 : 꽃

➔ 추출법 : 수증기 증류법, 용매 추출법

Otto는 꽃잎으로부터 증류법에 의해 추출된다. Concrete와 Absolute는 꽃잎으로부터 용매법에 의해 추출된다.

➔ 향의 휘발도 : middle-base note

➔ 향기 타입 : 우아하고 부드러운 꽃향

➔ 기원 : 장미는 그 향기 덕분에 최소한 로마 시대 이래로 꾸준히 사랑받고 있다. 로마 시대에는 화환으로 사용되거나, 향기로운 목욕과 향수에서 사용되었고, 화려한 장소에도 자주 사용되었다. 장미는 귀족층에서 유행하였는데 클레오파트라가 안토니우스를 유혹하기 위해 장미를 침실에 깔았다는 것은 아주 유명하다.

장미 화석이 이집트인 무덤에서 발견되었고 빨간 장미는 크레타 섬의 코노소스의 4,000년 된 옛 성에 묘사되어 있다. 또한 장미는 아비첸나가 그의 연금술 연구에 최초로 사용했던 식물이었다. 로즈는 여전히 사랑과 순수의 상징이다.

장미는 그 향기 덕분에 이집트, 로마 시대에 디저트로 즐겨 먹었으며, 로마 시대에는 화환으로 사용되거나, 향기로운 목욕과 향수에서 사용되었고 화려한 공공 전시에도 자주 사용되었다. 또한 클레오파트라라 안토니우스를 유혹하기 위해 장미를 침실에 깔았다는 일화는 유명하다. 아로마 증류법을 처음 소개한 아비세나가 최초로 이용한 식물이다.

장미 오일은 장미꽃잎에 아침 이슬이 맺힌 직후에 따서 증류해야만 질 좋고 많은 양의 오일을 생산 할 수 있다고 한다.

➔ 식물의 특징 : 다마세나 장미는 불가리에서 재배된다. 이 꽃은 새벽에 따서 24시간 안에 황갈색 오일을 추출한다. 약 5톤의 꽃에서 단 1kg(2lb)의 오일이 추출되므로 매우 값비싼 오일이다. 센티폴리아 장미도 아주 향기로운 오일을 만드는데 프랑스, 알제리, 모로코, 이집트에서 재배된다.

➔ 효능과 적용 : 최음 효과가 있고 분위기를 고조시키는 장미 오일은 순환 계통, 변비, 두통, 정신적 피로, 월경, 폐경 문제 그리고 피부 정돈에 효과가 있다.

건성 피부나 주름이 많은 피부의 관리에 효과적이다. 피부 재생 효과가 뛰어나며 시원한 느낌을 준다. 강한 소염 성분으로 피부의 염증이나 가려움을 치유한다. 여성 호르몬인 에스트로겐과 같은 성분이 함유되어 있어 생리 장애, 생리 전 증후군, 폐경기 장애 등에 좋다. 건조하고 딱딱한 노화 피부, 민감성 피부에 효과적이다. 스트레스와 의욕 저하, 불면증을 치유하는데 효과가 크다.

- 신체 : 생리조절, 성기능 조절, 자궁 강장, 비뇨강장, 호르몬 균형, 심계 항진, 폐경 문제, 불감증, 대하, 월경불순, 정신적 피로, 오심, 두통에 적용
- 피부 : 모든 피부 및 모세혈관, 건성, 노화 피부(피부의 노화 방지와 균형에 효과적), 습진에 적용

· 정신 : 최음, 정신 고양, 신경 긴장, 우울증, 불면, 스트레스, 우울, 슬픔, 질투, 분노의 진정 효과, 마음을 고양시켜 정신적 긴장과 스트레스를 쉽게 이겨냄. 여성적 오일로 여성 에너지 부여

- 사용 : 마사지, 목욕법을 이용한다. 가장 독성이 적은 향유에 속하는 장미 오일은 특히 노쇠하고 건조한 피부에 좋고 침대보나 속옷을 향기롭게 할 수 있다(마지막 헹굼에 장미 오일을 몇 방울 떨어 뜨린다).
- 블렌딩 효과가 높은 정유 : 재스민, 오렌지, 제라늄, 버가못, 라벤더, 클라리 세이지, 샌달우드, 패츄리, 벤조인, 카모마일, 클로브, 팔마로사와 잘 혼합된다.
- 주의사항 : 일반적으로 안전하지만 통경 작용이 있어 임신 중에는 사용을 금한다. 알레르기성이 있다.

41) 로즈마리(Rosemary, Rosmarinus officinalis)

- 학명 : Rosmarinus officinalis
- 원산지 : 프랑스, 스페인
- 추출 부위 : 잎, 꽃의 머리 부분
- 추출법 : 수증기 증류법
- 향의 휘발도 : middle note
- 향기 타입 : 강하고 깨끗하며 상쾌한 약초향
- 기원 : 이집트인은 로즈마리를 가장 애호했었는데, 로즈마리가 사랑과 죽음을 상징한다고 믿었다. 그리스인과 로마인에게도 인기가 많았다. 페스트가 돌 때 로즈마리의 방부 효과 때문에 공공 장소에서 로즈마리를 태우거나 목 주위에 발랐다.

  고대 그리스인과 로마인들은 로즈마리를 따라 성전에 두었고, 두뇌에 도움이 된다하여 로즈마리 화관을 만들어 쓰고 다녔다. 또한 14세기 헝가리 왕비 도나 이사벨라가 사용 후 회춘을 했다는 '헝가리 워터'의 재료로 쓰였다고 한다.

  고대 로즈마리는 삶과 죽음 둘 다에게 평화를 줄 수 있는 신성한 식물로 여겨졌다. 아시아에서는 조상들의 도움이나 가호를 삶과 연결시켜 주는 식물로 여겨져 무덤 근처에 심어졌다. 페스트 발병 기간 중 병에 대한 방어로 목 주머니에 사용되었다.
- 식물의 특징 : 작은 관목이고 약 3피트(90cm) 높이까지 자라며 회녹색 잎과 옅은 청백색 꽃이 핀다. 맑은 오일은 꽃과 잎에서 수증기 증류법으로 추출하고 강한 나무향이 난다.

  은빛 녹색 잎과 옅은 파란색 꽃을 가지고 있으며, '부활'을 상징한다.

- 효능과 적용 : 로즈마리에는 '항산화 효과'가 있어 연구가 활발하게 이루어지고 있다. 자극, 촉진, 근육통, 순환장애, 류머티스성 문제, 육체적, 정신적 피로, 저혈압, 탈모 등에 좋다. 건성, 민감성, 여드름 피부에 모두 사용할 수 있다. 건조하고 손상된 모발 관리에 많이 사용하는 오일이다. 비듬, 탈모 예방에도 효과적이다. 세포 재생촉진 작용과 림프 순환촉진 작용이 있다. 자극 효과가 뛰어나며, 심신의 균형을 유지시켜 준다.

  순환 계통과 기억력, 집중력을 높여주며 두통, 편두통에 효과적이다. 피부 수렴 작용이 있어 스킨 컨디셔너로 활용한다. 근육에 축적되어 있는 젖산을 배출시켜 근육의 피로를 풀어준다. 탈모증, 기관지염, 화상, 감기, 비듬, 설사, 가스 참, 두통, 비만 치료에 도움을 준다.

  · 신체 : 강심, 강장, 혈액순환 촉진. 감기, 기관지염, 근육통, 류마티즘, 관절염, 천식, 두통, 기진맥진, 간경화, 담석 부전, 류머티즘, 저혈압에 적용 할 수 있다.
  · 피부 : 피부수렴, 늘어진 피부, 건성피부,두피, 비듬, 탈모, 흰머리에 적용 가능하다.
  · 정신 : 뇌세포 활성화, 두뇌정화, 기억력 증진, 정신쇠략시 정신 고양, 정신 피로, 무기력증에 도움을 준다.
- 사용 : 흡입법, 목욕, 마사지, 두통과 피로 해소를 위해 손수건에 묻혀 흡입한다. 마사지에서는 림프 체계를 자극한다.

  관자놀이에 바르면 두통을 가볍게 해준다. 다른 오일에 비해 각성 효과가 뛰어나므로 2주간 사용 후 1주 간을 띄었다가 재사용한다.
- 블렌딩 효과가 좋은 정유 : 라벤더, 타임, 바질, 페퍼민트, 시나몬
- 주의사항 : 초과량을 사용하면 간질 발작이나 경기를 일으킬 수도 있으므로 반드시 농도를 희석해서 사용해야 한다. 간질, 임신부 및 혈압이 높을 경우에는 피하는 것이 좋다. 또한 간기능 관련 문제의 경우 보편적으로 사용하지 않는다.

  로즈마리 정유는 자극성이 강하므로 간질병이나 고혈압 환자들에게는 적당치 않고 또한 임신 중에는 사용을 피한다.

42) 로즈우드(Rosewood, Aniba rodaeodora)

- 향기타입 : 나무 냄새 혹은 장미향이 어우러진 수목의 향
- 원산지 : 브라질
- 효능 : 피부미용, 리프팅, 토닉 효과가 있다. 항 우울 작용으로 심신의 균형을 잡아주며 기분을 밝게 북돋아 준다. 강장작용, 진통작용, 살균, 탈취작용이 있다.

➜ 사용 : 로즈우드는 원목은 가구 제작에 이용되며, 또한 향수 제조와 스킨케어 제품으로 매우 유용하게 쓰인다. 그러나 로즈우드의 재배는 아마존 열대 우림의 삼림 채벌에 기여하게 되므로 절약해서 사용해야 된다.

43) 클라리 세이지(Clary sage, Salvia officinalis, Salvia Sclarea-Clary sage)

➜ 기원 : 신성한 약초로 이집트인은 여성의 불임 치료에 사용했다. 중국인은 수세기 동안 약으로 사용해오고 있다.

➜ 식물의 특징 : 많은 종류의 일반 세이지는 모두 허브 같은 관목이고 잎은 거칠고 주름져 있다. 오일은 말린 잎에서 증류법으로 추출한다. 냄새는 강하고 신선하며 톡 쏘는 향기이다.

➜ 효능과 적용 : 강장제로써 생리 불순을 해소하는 걸로 유명하고 관절염, 박테리아 감염, 후두염이나 수분 배출이 잘 안될 때 치료 효과가 있다.
클라리 세이지는 진정 효과와 행복감을 주기 때문에 불면증, 불안, 우울 치료에 쓰이고 월경과 갱년기 문제도 해소해 준다. 일반 세이지보다 꽃 향기가 강한 톡 쏘는 향기를 가지고 있다.

➜ 사용법 : 목욕, 마사지로 사용 가능하며 근육통과 오랜 스트레스, 정신적 피로를 해소해 준다.

➜ 주의점 : 많은 양을 사용하면 과도한 자극을 줄 수 있으므로 간질 환자는 피한다. 세이지와 클라리 세이지 모두 임신 초기에는 사용하지 않는다.

44) 샌달우드(Sandalwood, Santalum album)

➜ 학명 : Santalum album

➜ 원산지 : 동인도, 호주, 말레이시아

➜ 추출부위 : 나무

➜ 추출법 : 수증기 증류법

➜ 향의 휘발도 : base note

➜ 향기 타입 : 달콤하고 남성적인 나무향, 깊고 부드러운 나무향

- 기원 : 중국, 인도, 이집트에서 샌달우드는 향수와 화장품에 쓰였다. 가구 제조업자도 애용했으며 인도에서는 많은 사원이 이 나무를 사용했다. 참배자들도 로즈, 재스민, 수선화 오일과 함께 샌달우드 오일을 몸에 발랐다. 고대 이집트에서는 시체의 방부를 막기 위해 널리 사용되었다. 또 인도의 대부분 사찰을 샌달우드 목재로 지었다고 한다. 장례식 때 죽은 자의 영혼을 달래주고 정신과 육체를 맑게 해준다고 하여 사용하였다. 그리고 향수 제작시 고착제로 사용하였다.
- 식물의 특징 : 상록수인 샌달우드는 인도네시아, 남동 아시아, 특히 동인도에서 30피트(8m) 높이까지 자란다. 달콤하고 발삼향이 나는 샌달우드 오일은 잘게 부수거나 가루로 만든 나무를 수증기 증류법을 통해 추출한다. 샌달우드 오일은 풍부하고 강한 나무 향이 난다. 향수 고정제로 사용되고, 오랫동안 많은 비싼 향에 기본 성분이 되고 있다.

  열대 아시아가 원산지인 샌달우드는 전통적인 향, 화장품, 향수와 동양에서는 물건을 썩지 않게 하는데 사용하였다. 이것은 전통적으로 절을 짓는데도 사용하였다. 샌달우드 나무는 이제 거의 멸종되었고 오일을 생산하기 위해 재배지에서만 생산된다.

  회밤색 몸통과 부드럽고 가느다란 많은 가지를 가지고 있으며 9m까지 자라는 작은 상록수이며 작은 분홍 자주색 꽃을 가진다.
- 효능과 적용 : 샌달우드의 진정 효과는 우울과 긴장을 치료하는 데 좋다. 거담제이자 진경제(경련을 멈추게 하는 약)라서 기관지염, 기침, 메스꺼움, 방광염, 피부 트러블을 치료하는 데 좋다. 최음제 효과도 있다.

  수분이 부족한 건성 피부를 진정시켜 준다. 소염작용이 있어 피부의 가려움증이나 피부염을 치유한다. 피부 유연, 노화 피부, 탈수 피부에 효과적이다. 마음을 정화시켜 근심, 걱정, 우울 상태를 해소한다. 향수 제조에 많이 이용한다.

  깊고 평화로운 명상을 증진. 우울증, 스트레스 두려움을 가라앉혀 주고 풀어줌. 면역계를 강하게 해 주고 자극을 촉진 시켜서 비뇨기 감염에 유익한 효능을 준다. 목의 통증을 진정시키고, 후두염과 기관지염을 완화시키는데 도움을 준다. 건조한 피부에 수분과 진정 효과를 주고 지성. 여드름 피부에는 방부와 수렴의 효과를 나타낸다.

  · 신체 : 살균, 소독, 면역계 강장, 호흡기와 남성 비뇨기 감염, 기관지염, 인후염, 설사, 메스꺼움, 방광염, 정맥류에 적용 가능하다.

  · 피부 : 살균, 소독, 피부염, 여드름, 건성습진, 튼 피부, 갈라진 피부, 탈수된 피부에 적용 가능하다.

  · 정신 : 최음, 신경 긴장과 불안 진정, 강박관념 해소, 스트레스, 우울증, 불면증에 효과적이다.
- 사용 : 흡입, 마사지, 목욕법을 이용한다. 비누, 세제, 화장품, 향수의 향을 내는데 사용한다. 음식류의 식향으로 이용된다. 건조한 피부를 촉촉하게 하기 위해서는 따뜻한 습포를 한다. 마사지를 하면 진정 효과를 높일 수 있다.

- 블렌딩 효과가 좋은 정유 : 로즈, 라벤더, 버가못, 제라늄, 재스민, 네롤리
- 주의 사항 : 우울증이 있는 경우 사용을 금한다.
  샌달우드 향은 강해서 옷에 바르면 세탁한 후에도 향기가 사라지지 않는다. 또한 최음 작용이 있으므로 사용상 주의를 요하고, 우울한 상태에서는 기분을 더욱 가라앉히므로 사용을 중단한다.

45) 티트리(Tea tree, Melaleuca alterniflia)

- 학명 : Melaeuca altemifolia
- 원산지 : 호주
- 추출 부위 : 잎
- 추출법 : 물, 수증기 증류법
- 향의 휘발도 : top note
- 향기 타입 : 코를 찌르는 듯 강하면서 산뜻하고 신선한 캄파향
- 기원 : 티트리의 방부 효과는 오스트레일리아 아보리진 족이 수세기 전에 발견했고 아보리진 족은 티트리를 햇볕에 탄 피부와 백선, 무좀까지 많은 박테리아 감염에 약으로 썼다. 티트리는 독사에 물린 데 쓰이는 해독제로도 알려져 있다.
  호주 원주민에 의해 약효가 인정되어 왔으며 이들은 햇빛에 탄 피부와 백선, 무좀 등 많은 박테리아 감염에 약으로 사용했다. 제 2차 세계대전 중에는 피부 창상의 치료제로써 구급약 세트에서 빠지지 않았다. 영국의 의학저널지는 티트리가 무독성이며 알코올보다도 20배 이상의 살균, 소독 효과가 있음을 입증하기도 했다.
- 식물의 특징 : 오스트레일리아와 태즈매이나아가 원산지인 티트리는 종종 스웜프트리에 비교된다. 긴 가지에 늘어지는 흰 꽃이 피는데 연녹색 오일은 잔가지와 잎에서 추출하고 아주 강한 향을 가지고 있다. 오일 자체는 유칼립투스 오일과 비슷한 장뇌 냄새가 난다.
  치유적 능력이 뛰어나 상당한 의학적 연구에 초점을 두도록 만든 티트리는 가지와 끝이 뾰족한 잎을 증류해서 오일을 얻는다. 호주 원주민들이 감염 상처 치료에 오랫동안 티트리를 사용했었다.
  사이프러스와 같이 가시, 잎, 그리고 줄기 없는 노란색, 자주색 꽃 머리를 가지는 작은 관목이다.
- 효능과 적용 : 감염 방지와 방부 특성이 강해서 무좀, 화상, 입가 발진, 입 헌데, 무사마귀, 아구창 등을 포함한 피부병 치료에 이상적이다. 호흡 기관의 병에도 효과적이다.

강한 방부제, 항균제, 항 박테리아제로 살균작용이 뛰어나다. 냄새나는 발, 활동이 많은 발의 관리에 효과적이다. 클렌징 효과가 뛰어나 지성, 여드름 피부에 좋다. 두피의 건조를 방지하고 비듬의 예방 및 치유에 도움이 된다. 항 박테리아, 항 바이러스, 항 진균 작용이 있어 방충제의 역할을 한다. 햇볕에 그을린 피부를 진정시키는 역할을 한다.

· 신체 : 면역 강화, 강력 방부, 항균, 항 박테리아, 항바이러스, 독감, 후두염, 기관지염, 편두통에 적용가능하다.

· 피부 : 면역 강화, 강력 방부, 항균, 항박테리아, 항바이러스, 여드름, 피부염, 무좀, 단순포진, 티눈, 좌창, 벌레 물린데, 화상, 동상, 부비강염, 아구창, 질염, 방광염, 발 관리에 적용 가능하다.

· 정신 : 쇼크 후 생기회복, 리후레싱 효과가 있다.

  자극 촉진, 곰팡이균(칸디다) 감염, 질염, 손톱 감염, 무좀, 오한, 구강 궤양, 면역계, 여드름, 발진, 벌레물린데, 가시 찔린데 사용. 호흡기계, 감기, 유행성 독감, 천식, 기관지염에 유익함. 살균효능은 질염 정화와 생식기 감염에 효과를 나타냄. 또한 방광염과 같은 문제를 완화하고, 비뇨기계에 방부 효과를 나타낸다.

➔ 사용 : 흡입법, 마사지, 목욕, 애완 동물의 벼룩을 죽이는 데 사용하기도 하지만 보다 일반적으로 발의 냄새와 세균을 없애기 위해 족욕시 사용된다.

입가 발진에는 살짝 발라준다. 후두염과 기관지염의 치료를 돕기 위해서는 흡입한다. 입이 헌 것을 완화 시키기 위해 희석시킨 후 입을 헹궈내도록 좋다(단 삼키면 안된다).

발의 냄새와 세균을 없애기 위해 족욕 시 사용한다.

➔ 블렌딩 효과가 좋은 정유 : 라벤더, 클라리세이지, 로즈마리, 제라늄, 마조람

➔ 주의 사항 : 무독성, 무자극이지만 특정 개인에게 민감성 유발 가능성이 있다.

46) 타임(Thyme, Thymus vulgaris ct. thymol)

➔ 학명 : Thymus vulgaris

➔ 원산지 : 프랑스, 스페인, 알제리

➔ 추출부위 : 꽃, 잎

➔ 추출법 : 수증기 증류법, 또는 물 증류법

➔ 향의 휘발도 : top note

➔ 향기 타입 : 붉은 타임 오일은 씁쓸하고 강한 약초향, 흰타임 오일은 달콤한 풀 향기

➔ 기원 : 고대 이집트인은 미이라를 만드는 액체에 타임 향유를 섞었다. 그리스인은 소화를 돕기 위해 연회 이후 타임 잎을 우려낸 허브 차를 마셨다. 컬 페퍼는 타임이 폐를 강화시켜 주고 숨이 찬데 효과가 있다고 적고 있다.

➔ 식물의 특징 : 이 키 작은 야생 식물은 진록색 잎과 나무 줄기, 작은 분홍색 꽃을 가지고 있다. 지중해, 알제리, 유고슬라비아, 이집트에서 요리와 제약용으로 재배된다. 타임 오일은 수증기 증류법으로 꽃이 핀 상태의 식물 전체에서 추출해낸다. 냄새는 자극적이면서 달콤하다. 오데콜론과 허브 향수의 중요한 구성 요소이다.

다년생의 상록수로 45cm 정도까지 자라며 가지가 많다. 잎은 회녹색이며 아로마 향을 내고 꽃은 옅은 보라색 혹은 하얀색으로 되어 있다. 가장 먼저 치료에 사용되기 시작한 식물 중에 하나로 주로 호흡기 장애, 소화기 장애, 감염의 치료와 예방에 쓰인다. 영국의 허브 약전에는 소화 불량, 만성위염, 기관지염, 백일해, 천식, 소아의 설사, 후두염, 편도선염에 사용할 수 있다고 되어 있다.

➔ 효능과 작용 : 피로와 불안 해소용으로 쓰이지만 자연방부 효과 때문에 기침과 호흡기관 감염 치료제로 널리 알려져 있다. 류머티즘 발진과 부종 같은 피부 문제에도 효과적이다.

소독, 살균 작용이 있어 세균 성장을 억제한다. 방부 및 곰팡이 방지 작용이 뛰어나다. 항염증, 두통, 신경성 질환에 좋다.

기관지염, 축농증, 방광염, 근육 류머티즘, 건조습진, 건선, 삼출성 습진, 목 통증, 편도선염, 대장염, 감염성 여드름 등에 사용. 바이러스 감염, 피로, 불면증 증세를 보이는 경향의 사람들에게 도움이 됨.

항 박테리아, 항 진균 효과, 여드름, 종기, 피부 문제, 순환장애 질병, 탈모, 가스 참, 소화기능 저하, 기관지 분비(작용) 축농증, 천식, 피로, 긴장 항진증, 우울증, 신경증, 걱정 등에 좋고 류머티즘과 경직된 관절이 오일의 따뜻한 특징 때문에 좋아질 수 있다.

- 신체 : 강력 살균, 방부, 면역기능, 호흡기와 순환기 강화, 두통, 신경성 질환, 류마티즘에 적용 가능하다.
- 피부 : 부종, 농양, 여드름, 화상, 타박상, 지성피부, 탈모에 적용 가능하다.
- 정신 : 신경강화, 뇌세포 활성, 기억력 강화, 집중력 강화, 지친 감정 구제, 항 우울, 신장애와 정신충격 해소에 도움을 준다.

➔ 사용 : 흡입, 마사지, 목욕법을 이용하면 근육 피로를 풀어준다. 오데코롱과 향수의 주요 원료이다. 구강 청정제, 치약, 비누, 시럽, 감기약에 사용된다.

➔ 블렌딩 효과가 좋은 정유 : 버가못, 로즈마리, 레몬, 라벤더, 마조람

➔ 주의 사항 : 고혈압 환자, 임산부에게 사용 금지, 피부를 자극할 수 있으니 희석해서 사용한다.

47) 베티버(Vetiver, Andropogon muricatus)

- 원산지 : 남부 인도, 인도네시아, 스리랑카
- 추출 부위 : 뿌리
- 추출법 : 수증기 증류법
- 향의 휘발도 : base note
- 향기 타입 : 건조한 나무향과 달콤한 향
- 기원 : 뿌리는 예부터 동양에서 미세한 향을 내는데 사용되었다. 해충으로부터 가축을 보호하는데 쓰였고 풀을 엮어서 아로마 향이 나는 돗자리를 만들기도 했다. 인도에서는 열대우기 동안 토양의 부식을 막는데 이용되었다. 인도와 스리랑카에서 '평안을 가져다 주는 오일'로 알려져 있다.
- 식물의 특징 : 키가 크고 우거진 다년생의 풀로 줄기는 곧고 잎은 길고 좁으며 하얀 뿌리는 땅속에서 복잡하게 얽혀 있다.
- 효능과 적용 :
  - ·신체 : 관절염, 근육통, 류마티스, 관절 삔데, 관절경직, 불면증에 적용
  - ·피부 : 여드름, 베인데, 지성피부, 상처에 적용
  - ·정신 : 우울증, 신경쇠약, 스트레스 진정, 신경 진정효과로 치과 치료 등에 유용
- 사용 : 마사지, 목욕법을 이용한다. 비누와 화장품, 향수 등의 고정제로 쓰인다. 특히 아스파라거스의 방부제로 이용한다.
- 블렌딩 효과가 좋은 정유 : 샌달우드, 로즈, 재스민, 파출리, 라벤더, 클라리세이지, 일랑일랑과 잘 어울린다.
- 주의사항 : 무독, 무자극

48) 일랑일랑(Ylang ylang, Cananga odorata)

- 학명 : Cannaga odorata
- 원산지 : 필리핀, 마다카스카르
- 추출부위 : 꽃
- 추출법 : 수증기 증류법 또는 물 증류법
- 향의 휘발도 : top-middle-base note
- 향기 타입 : 감미로우면서 자극적이고 관능적인 발삼향
- 기원 : 열대성 식물인 일랑일랑이 약으로 처음 사용된 것은 말라리아와 벌레 물린 데를 치료하고 감염을 막기 위해서이다. 방부 특성도 뛰어나지만 최음제와

신경 계통의 강장제로도 인정 받고 있다. 예전에는 향기를 내고 몸과 머리카락을 촉촉하게 하기 위해 일랑일랑의 꽃을 코코넛 오일에 섞어 썼다.

일랑일랑은 헤어 오일을 만드는데 주로 사용되었다. 일랑일랑은 Smelling Salt(냄새를 맡고 정신 차리게 하는 약)으로 여겨지고 있다.

일랑일랑은 말레이시아 원주민 말에서 유래되었는데 나무에 매달린 꽃 봉우리를 가리킨다고 한다. 최음제 역할을 하는 정유가 많지만 그중에서 가장 많이 사용하고 있다. 인도네이시아에서는 신혼 부부의 신방에 일랑일랑 꽃을 뿌려 놓는 풍습이 있다.

➔ 식물의 특징 : 인도네시아와 필리핀이 원산지인 일랑일랑 나무는 60피트(10m) 높이까지 자란다. 이른 아침 신선한 상태로 딴 노란색 꽃에서 수증기 증류법을 통해 오일을 추출한다. 일랑일랑의 향은 나른하고 달콤하며 재스민과 비슷하다.

아름다운 향을 내는 나무인 일랑일랑은 향수나무로 알려져 있다.

분홍 연한 자줏빛 노란색의 크고 부드러운 향기 나는 노란꽃을 가지며 20m까지 자라는 키가 큰 열대 나무이다. 노란색 꽃에서 추출한 아로마 오일이 효능이 가장 좋으며 재스민향과 많이 유사하다.

➔ 효능과 적용 : 긴장 완화에 좋다(소량을 사용한다). 불안, 우울, 불면증, 불감증에 아주 효과적이다. 고혈압과 피부 트러블을 치료하는 데 좋다.

피지 분지를 조절하므로 건성, 지성 피부에 모두 사용하고 피부 정화작용이 우수하다. 정신적 긴장과 스트레스 해소작용이 있다. 물에 2방울만 떨어뜨려도 헤어 린스로 효과적이다.

최음제, 행복감을 주고 긴장을 풀어 줌. 고혈압, 무기력, 불감증, 생리전 증후군(PMS) 우울증, 감수성 민감, 공황, 극도로 민감 상태를 풀어 주는데 좋음. 모발 성장 촉진, 지성 피부의 밸런스를 맞춰준다.

- 신체 : 고혈압, 불면증, 심계항진, 생식기 장애, 발기 불능, 과잉 땀 분비에 적용 가능하다.
- 피부 : 살균방부, 모발성장 촉진, 피지조절, 여드름 피부, 건성 피부에 적용 가능하다.
- 정신 : 최음, 행복감 부여, 항우울, 신경계를 조절하여 두려움, 근심, 분노, 흥분, 불감증, 가슴 두근거림, 불면증, 스트레스 진정에 도움을 준다.

➔ 사용법 : 목욕, 마사지, 목욕 오일이나 마사지에 사용하면 모든 스트레스를 완화 시킬 수 있다. 지속적인 향기 때문에 얼굴과 피부 기초 화장품, 포푸리, 방향제로 사용된다. 비누, 화장품, 그리고 향수에서 향 원료의 경화제로써 많이 사용된다.

➔ 블렌딩 효과가 좋은 정유 : 버가못, 라벤더, 레몬, 네롤리, 샌들우드, 멜리사, 재스민

➔ 주의사항 : 많은 양을 사용할 때 두통, 구토 증세를 야기시킬 수 있다. 민감한 피부는 자극성이 있다. 염증성 피부에는 사용하지 않는다.

49) 임모텔(Immortelle, Helichrysum italicum)

- 식물의 특징 : '이탈라안 에바라스팅'이란 이름의 야생 식물로 짙은 노란색의 꽃을 피우며, 은 녹색의 잎과 줄기는 60cm 정도 성장하는 식물로 스파이시한 향을 낸다.
- 주의사항 : 임모텔 향이 강하므로 감귤계나 라벤더, 카모마일 등과 블렌딩하여 발향하거나 개인적으로 임모텔을 사용한 경험이 풍부할 때 여러가지 방법을 활용한다.

50) 안젤리카(Angelical, Angelics archangelica)

- 향의 휘발도 : base note
- 추출 부위 : 종사(씨), 뿌리
- 효능과 적용 : 피로, 편두통, 신경긴장, 스트레스 관련 질병, 근육통과 통증, 독소축적, 탁하고 두텁고 정체된 피부를 위해 좋다.
- 주의사항 : 높은 감광성(햇빛으로부터 노출을 피할 것)

51) 벤조인(Benzoin, Styrax benzoin)

- 향의 휘발도 : base note
- 추출 부위 : 나무진(점액)
- 효능과 적용 : 매우 따뜻한 오일, 건조하고 갈라진 피부에 우수함. 폐를 위한 강장, 호흡기 질환, 기관지염, 천식, 감기, 오한과 후두염에 유익함, 기분 진정과 고양, 저하된 정신력과 우울증에 도움을 준다.

52) 카주풋(Cajuput, Melaleuca leucadendron)

- 향의 휘발도 : top note
- 추출 부위 : 잎, 마른 가지
- 효능과 적용 : 류머티즘, 관절염, 근육통, 울혈, 정맥류, 벌레 물림, 지성 피부 치료, 천식, 콧물, 변비와 헛배부름을 정화, 면역 기능 강화 효과가 있다.
- 주의 사항 : 임신시는 주의해서 사용해야 한다.

53) 카다멈(Cardamom, Elettaria cardamomum)

- 향의 휘발도 : top-middle note
- 추출 부위 : 말린 익은 과일
- 효능과 적용 : 마음을 따뜻하게 해주고, 위경련, 산통(복통), 가스 참(헛배 부름)과 가슴앓이를 편안하게 한다.

54) 캐롯 시드(Carrot seed, Daucus carota)

- 향의 휘발도 : top-middle note
- 추출 부위 : 종자(씨)
- 효능과 적용 : 피부염, 습진과 건선, 노화 피부에 영양분 공급에 도움을 준다.

55) 시더우드, 아틀라스 (Cedarwood Atlas, Cedrus altantica)

- 향의 휘발도 : base note
- 추출 부위 : 나무
- 효능과 적용 : 소선(작은 샘)과 신경계의 강장 효과. 몸의 밸런스를 찾는데 도움을 준다. 방부효과와 이뇨작용은 셀룰라이트에 도움을 준다. 기관지염, 콧물, 근육통을 경감시키고 치료해 줌. 피부 강장과 여드름 피부에 사용 가능하다.

56) 시더우드, 버지니안 (Cedarwood virginian, Juniperus virginiana)

- 향의 휘발도 : base note
- 추출 부위 : 나무
- 효능과 적용 : 우수한 방부 효과, 여드름, 비듬, 습진, 염증과 지성 피부를 위해 유용하다.
  중추 신경계의 진정과 강장 효과, 몸 안의 독소 정화, 소화기 계통과 재생계통 강장에 도움을 준다.
- 주의 사항 : 임신시 사용 금지

57) 시나몬 리프 (Cinnamon leaf, Pcinnamomum zeyanicum)

- 향의 휘발도 : base note
- 추출 부위 : 잎
- 효능과 적용 : 소화기 계통에 좋음, 경련 장염, 가스참, 설사, 메스꺼움을 진정, 위액 분비를 자극한다. 근육 경련, 류머티스성 관절 통증을 완화한다.
- 주의 사항 : 임신시 사용 금지, 강한 오일임으로 사용시 주의를 요한다.

58) 시트로넬라(Citronella, Cymbopogon nardus)

- 향의 휘발도 : top note
- 추출 부위 : 잎
- 효능과 적용 : 해충 퇴치제로 우수, 냄새 제거와 자극 효과는 심한 발한, 땀나는 발에 상쾌함을 준다.
- 주의 사항 : 피부에 민감한 반응을 일으킬 수 있다.

59) 코린더(Coriander, Coriandrum sativum)

- 향의 휘발도 : top note
- 추출 부위 : 과일, 씨
- 효능과 적용 : 편두통, 신경통, 신경성 피로, 근육통, 독소 축적, 순환장애에 도움을 주며 면역기계통의 강장 작용에 도움을 준다.

60) 엘레미(Elemi, Canarium luzonicum)

- 향의 휘발도 : middle-base note
- 추출 부위 : 껍질
- 효능과 적용 : 감기와 유행성 독감에 좋음. 방부 효과를 가지고 있어서 감염된 상처에 유익한 작용을 한다.

61) 갈바눔(Galbanum, Ferula galbaniflua)

- 향의 휘발도 : top note
- 추출 부위 : 껍질
- 효능과 적용 : 스트레스 경감, 통증, 순환저하에 좋음. 피부 강장, 여드름, 종기, 흉터 조직을 정화한다.

62) 호 리프 (Ho leaf, Cinnamomum camphora ct. linalol)

- 향의 휘발도 : base note
- 추출 부위 : 나무, 잎
- 효능과 적용 : 여드름, 피부염, 흉터, 상처, 주름진 피부 및 피부 보호에 도움을 준다. 아로마테라피에 사용될 수 없는 호 우드(Ho wood)와 혼돈하면 안된다.

63) 주니퍼 베리(Juniper berry, Juniperus communis)

- 향의 휘발도 : middle note
- 추출 부위 : 열매
- 효능과 적용 : 신경의 자극과 강화. 강한 이뇨작용, 방부 효과, 방광염, 셀룰라이트, 수분 정체에 효과적. 몸의 해독, 정화, 요산을 제거해 주고, 관절염, 류머티즘, 통풍에 도움을 준다. 칙칙하고 지성인 피부의 강장 효과, 여드름, 막힌 기공, 삼출성 피부염, 습진, 건선, 부종 등을 완화한다.
- 주의 사항 : 신장에 강한 자극을 피하고 이신 초기에는 사용을 금지한다.

64) 라반딘(Lavandin, Lavandula intermedia)

- 향의 휘발도 : top note
- 추출 부위 : 꽃
- 효능과 적용 : 순환, 호흡 및 근육 문제에 효과가 좋다.
- 주의 사항 : 실제 라벤더 오일보다 캠퍼(Camphor) 성분이 더 높기 때문에 사용시 주의해야 한다. 임신중, 간질, 열병이 있는 경우는 사용 금지.

65) 라벤더 스파이크 (Lavender spike, Lavandula latifolia)

- 향의 휘발도 : top note
- 추출 부위 : 꽃
- 효능과 적용 : 복잡한(통풍이 잘 안되는) 머리를 정화시켜 주고 평온감을 준다. 기관지염, 콧물로 인한 두통에 탁월한 효과. 바이러스에 대항하는 면역계 증강, 근육통에 우수. 피부를 정화시켜 주고 살균 효과가 있다.
- 주의 사항 : 실제 라벤더 오일보다 캠퍼(camphor)성분이 더 높기 때문에 사용시 주의해야 한다. 임신중, 간질, 열병이 있는 경우는 사용 금지

66) 마누카(Manuka, Leptospermum scoparium)

- 향의 휘발도 : top note
- 추출 부위 : 잎, 말판의 작은 가지
- 효능과 적용 : 따뜻함. 몸과 마음의 기운이 나게 함. 류머티스성 관절염, 여드름, 피부염, 알레르기성 발진, 기관지염, 축농증, 천식에 유용하다.
- 주의 사항 : 희석을 하지 않고 그냥 사용했을 경우 피부에 자극이 될 수 있고 붉은 반점이나 따가움을 유발할 수 있다.

67) 메이 창(May chang, Litsea cubeba)

- 향의 휘발도 : top note
- 추출 부위 : 과일
- 효능과 적용 : 기분 고양과 자극. 심장과 호흡계의 강장 작용. 심장 관상 동맥 질환에 유익한 효과를 나타낸다. 지성피부와 머릿결의 밸런스를 맞춰준다.
- 주의 사항 : 질환이 있거나 손상된 피부, 극도의 민감성 피부, 2세 이하의 어린이에게는 사용 금지

68) 미틀(Myrtle, Myrtus communis)

- 향의 휘발도 : middle note
- 추출 부위 : 잎, 가지
- 효능과 적용 : 천식, 기관지염, 콧물, 만성 기침, 감기, 유행성 독감 및 감염 질병에 유익하다.

69) 니아울리(Niaouli, Melaleuca viridiflora)

- 향의 휘발도 : top note
- 추출 부위 : 잎, 새로 나온 가지
- 효능과 적용 : 조직 자극, 순환 증진, 백혈구와 항체 활동 증가, 면역력을 향상시켜서 허약한 상태에 도움을 준다. 면역기계에 강한 도움을 주기 때문에 병의 초기에 사용하면 좋다. 흉부 감염, 기관지염, 유행성 독감, 폐렴, 백일해, 천식, 축농증, 콧물, 후두염, 비뇨기 감염 등에 사용하면 좋다. 피부 보호를 위해 조직을 단단하게 해주고 치료에 도움을 준다.
- 주의 사항 : 임신시와 어린이들에게는 조심해서 사용한다.

70) 오렌지 비터 (Orange bitter, Citrus aurantium var. amara)

- 향의 휘발도 : top note
- 추출 부위 : 과피
- 효능과 적용 : 정신의 명쾌함과 감정의 밸런스를 증진, 근육 경련, 림프 배수, 수분 정체에 사용시 도움을 준다.
- 주의 사항 : 감광성이므로 햇빛 노출을 피할 것

71) 오렌지 스위트 (Orange sweet, Citrus aurantium var. sinensis)

➔ 향의 휘발도 : top note

➔ 추출 부위 : 과피

➔ 효능과 적용 : 마음 정화, 방부 효과, 피부의 보습과 진정 효과, 피부 조직을 재생시키고 활력을 준다. 여드름 및 다른 피부 문제에 유용함, 소화를 자극 촉진시키고 항바이러스 효능을 가지고 있다.

72) 블랙페퍼(Pepper black, Piper nigrum)

➔ 향의 휘발도 : middle note

➔ 추출부위 : 열매

➔ 효능과 적용 : 자극, 촉진, 신경과 마음을 강화, 정력을 줌. 근골격의 강장 효과, 근육통에 좋고 운동하기 전에 사용가능하며 식욕촉진. 통풍을 없애고 소화촉진에 도움. 호흡기계의 질병에 효능을 보인다.

73) 라벤사라(Ravensara, Ravensara aromatica)

➔ 향의 휘발도 : middle note

➔ 추출 부위 : 잎

➔ 효능과 적용 : 면역계 강장 효과와 선열에 도움을 줌. 항진균, 방부효능, 수두, 헤르페스, 근육통에 도움을 주며 기관지염, 유행성 독감, 축농증, 백일해에 사용하면 좋다.

74) 로즈 오토(Rose otto, Rosa damascena)

➔ 향의 휘발도 : base note

➔ 추출 부위 : 꽃

➔ 효능과 적용 : 최음제이므로 불감증 개선에 도움. 긴장, 우울증, 출산 우울증, 슬픔, 비통 등의 기분을 경감시킨다. 여성 생식기계를 조절. 특히 자궁의 유익한 이점을 조절. 순환계, 신경계, 소화계에 큰 강장 효과를 나타낸다. 피부 조직의 재생에 도움을 줌으로써 피부 문제와 일반적인 피부 보호에 우수한 효과를 나타낸다.

75) 타제티스(Tagetes, Tagetes glandulifera)

- 향의 휘발도 : middle note
- 추출 부위 : 꽃
- 효능과 적용 : 항진균, 그러므로 곰팡이균(칸디다) 감염에 우수한 효과, 콧물 감염에 효과, 상처치료, 기관지염, 감기에 좋다.
- 주의 사항 : 아기와 어린이에게 사용을 금하고 임신시 사용 금지. 감광성 피부이므로 햇빛 노출을 피하는 것이 중요하다.

76) 발레리안(Valerian, Valeriana officinalis)

- 향의 휘발도 : base note
- 추출 부위 : 뿌리 줄기, 뿌리
- 효능과 적용 : 불면증, 편두통, 불안함, 신경긴장 등의 질환에 도움. 고혈압과 신경성 소화불량을 안정적으로 편안하게 해준다.

77) 야로우(Yarrow, Achillea milefolium)

- 향의 휘발도 : base note
- 추출 부위 : 말린 꽃
- 효능과 적용 : 불면증, 스트레스, 고혈압, 여드름, 습진, 상처, 감기, 발열, 유행성 독감 등 모든 증상에 유익하다.
- 주의 사항 : 임신 초기에 사용 금지

제4장

아로마테라피 적용법

1. 확산법
2. 증기흡입법
3. 아로마 마사지법
4. 습포법
5. 아로마 목욕법
6. 관주법
7. 아로마테라피 적용시 숙지사항

제4장 아로마테라피 적용법 (Application Method of Aromatherapy)

아로마 에센셜 오일(Aroma essensial oil)의 사용은 다양하게 이루어지며 인체에 적용하는 방법에 따라 확산법(Vaporization method), 흡입법(Inhalation method), 아로마 마사지법(Aroma massage method), 습포법(Cataplasm method, compresses), 목욕법(bath method), 관주법(Douche)으로 구분한다.

1. 확산법(Vaporization method)

아로마를 이용한 확산법은 아로마 에센셜 오일을 공기중에 퍼트려 확산시켜주는 적용법을 말하며 주로 생활공간에 사용할 수 있는 가장 보편적인 방법이다. 아로마를 이용한 확산법은 크게 전기나 초를 이용한 램프확산법(Lamp diffusion)과 분무형식의 스프레이식 분사법(Spray method)을 들 수 있다.

1) 램프확산법(Lamp diffusion)

아로마를 이용한 램프확산법은 온열도구인 램프나 양초를 이용하여 아로마 향기를 공기 중으로 발산시켜주는 방법이다. 흡입시간은 1~3시간 정도가 적당하며 주로 실내공기를 정화시켜 주거나 낮의 기분상승, 최음효과, 스트레스 해소, 불면증 등에 널리 이용된다.

(1) 램프 확산기의 종류와 사용법

램프확산에 사용되는 발향기는 전기를 이용한 아로마 디퓨저(Aroma diffuser)와 저온 보일링(Boiling)의 아로마 양초를 이용한 버너형이 있다. 아로마 램프확산기의 사용법은 주로 발향용도로 사용되는 보울에 20ml의 물을 채운 후 용도에 맞는 아로마 에센셜 오일을 2~5방울 떨어뜨려 사용한다.

그림 4-1 아로마 디퓨저(Aroma diffuser)

그림 4-2 버너형 발향기

(2) 램프 확산의 이용범위

이용범위	에센셜 오일의 명
낮의 기분상승	레몬, 오렌지, 버가못, 로즈마리, 세이지, 바질, 네롤리, 그레이프푸르트, 만다린(탄저린), 라임
최음효과	로즈, 재스민, 일랑일랑, 정향, 네롤리, 클라리세이지
담배연기 제거	스위스파인, 버가못, 레몬, 레몬그라스, 쥬니퍼, 카제풋
집중력 증가	페파민트, 유칼립투스, 멜리사, 라임
실내 공기정화	버가못, 네롤리, 제라늄
불면증	라벤다, 마조람
폐경기 우울	클라리세이지, 제라늄, 로즈
쇼크 불안 공포감	라벤다, 네롤리, 안젤리카, 로즈, 멜리사, 샌달우드, 카모마일
스트레스 해소	로즈우드, 네롤리, 페티드그레인, 로즈제라늄, 그레이프푸르트, 라벤다파인, 팔마로사, 멜리사

2) 스프레이 분사법(Spray method)

스프레이 분사법은 스프레이 분무기가 장착된 용기에 아로마 에센셜 오일을 증류수나 알코올에 혼합한 후 공기중에 분사해 주는 방법이다. 주로 거실이나 사무실의 건조한 실내환경에서의 오염된 공기를 정화시켜주며, 바이러스 감염 등으로 인한 호흡기 질환에도 효과적으로 이용된다.

2. 증기흡입법(Inhalation method)

1) 습식 흡입법(증기흡입법 : Steam inhalation)

습식 흡입법은 아로마 에센셜 오일을 혼합한 물을 끓였을 때 발생되는 아로마 증기를 안면피부에 직접 쏘여 확산 침투시켜주는 방법이다. 적용방법은 2리터의 물 보울에 뜨거운 물을 붓고 물대야에 에센셜 오일을 1~6방울 떨어뜨린 후 5분 정도 흡입해주는 방식이 있고 아로마 증기발생기가 장착된 스티머기(Steamer)를 이용하여 얼굴에 쏘여주는 흡입하는 방식이 있다. 흡입요령은 증기가 두피와 안면부위를 향해 모아지게 하고 이때 깊이 숨을 들이마시면 흡입의 상승효과를 증가시켜 줄 수 있다. 이는 모공을 열어 피부에 직접 침투하는 동시에 코를 통한 흡입으로서 향의 흡입속도가 매우 빠른 방법으로 알려져 있다. 아로마 흡입을 통한 효능은 머리를 맑게하고, 기침, 인후염, 기관지염, 부비강염, 비염, 점막염, 유행성감기, 폐렴 등의 호흡기질환과 흉부의 통증과 몸살에 널리 이용된다. 또한 피부보습 및 염증완화에 탁월한 효과를 제공한다.

2) 건식 흡입법(Dry inhalation)

건식의 흡입은 아로마 에센셜 오일을 티슈, 손수건, 거즈, 베개잇 등에 한두 방울 떨어뜨린 후 3~5분 정도 코로 흡입하는 방법이다. 호흡기의 경로를 통하여 아로마 향기가 신체내로 유입되며 주로 졸음, 멀미, 경미한 두통, 콧물, 숙취, 딸꾹질 등에 이용된다.

3. 아로마 마사지법(Aroma massage method)

1) 아로마 마사지(Aroma massage)

아로마 에센셜 오일을 베이스 오일에 블렌딩하여 피부에 직접 도포하여 마사지해 주는 방법이다. 마사지 용어의 사용은 아랍어의 「masso」, 그리이스어 「massein」의 "주무르다"에서 유래되며 "어루만지다", "두드리다"의 뜻을 의미한다.

마사지를 이용한 아로마 정유의 사용은 에스테틱 살롱에서의 대표적인 향유요법 중 하나이며 대부분 피부에 원액을 직접적으로 사용하지 않으며 자극이 없고 피부에 흡수력이 좋은 베이스 오일(Base oil)에 2~3종의 에센셜 오일을 10~25방울 떨어뜨린 후 희석하여 사용한다.

(1) 마사지시 에센셜 오일의 사용원칙

① 안면에서의 아로마 에센셜 오일 사용은 주로 50㎖에 10~20방울(1~2%)의 아로마 에션셜 오일을 부드러운 베이스 오일에 블렌딩하여 사용하며 영양크림, 마사지크림, 팩(Pack) 또는 마스크(Mask)에 한 두 방울 혼합하여 사용한다.

② 아로마 에션셜 오일의 피부도포는 피부유형이나 취향 등 신체적인 조건을 고려하여 사용하는 것이 중요하다.

③ 바디마사지의 경우 50㎖에 30방울(3%)까지 사용할 수 있다.

④ 오일 도포와 마무리 순서에는 가볍고 부드러운 경찰법으로 오일을 흡수시키고, 마른 타월을 이용하여 피부표면을 말끔하게 정돈해 준다.

(2) 아로마의 피부적용

① 아로마 마사지의 블렌딩(Blending)

마사지 적용시 아로마 에센셜 오일의 블렌딩은 100ml 베이스 오일에 15~20방울의 아로마 에센셜 오일을 희석, 개인의 용도와 목적에 맞게 사용해 준다. 또한 아로마 에센셜 오일의 향 배합은 휘발도에 따라 균형있게 사용하는 것이 중요하며, 꽃, 잎사귀, 과일 등에서 추출하여 휘발성이 빠른 탑 노트(Top mote)는 블렌딩에 20~40%, 잎이나 허브에서 발견되어지는 미들 노트(Middle mote)는 40~80%, 대부분이 나무와 나무의 진에서 추출하여 향의 지속성을 증가시킨 베이스 노트(Base mote)는 10~20% 정도로 맞추어 배합하는것을 원칙으로 한다.

- 스파이시하고 자극적인 블렌드 : 100ml 베이스오일, 일랑일랑 5방울, 시나몬 2방울, 진저 3방울, 페파민트 2방울
- 피로회복을 위한 블렌드 : 베이스오일 50ml, 로즈 또는 제라늄 5방울, 로즈 2~3방울, 로즈마리 2방울, 쥬니퍼 2방울, 레몬 또는 그레이프푸르트 3방울
- 릴렉싱의 블렌드 : 베이스오일 100ml, 로즈 또는 제라늄 2방울, 라벤다 4방울, 멜리사 3방울, 오렌지 4방울, 샌달우드 4방울, 시나몬 2방울
- 근육의 긴장이완 블렌드 : 베이스오일 100ml, 라벤다 7방울, 라임 5방울, 로즈마리 2방울, 쥬니퍼 3방울, 베이스오일 100ml에 오렌지 8방울, 일랑일랑 2방울
- 최음효과의 블렌드 : 베이스오일 100ml, 샌달우드 8방울, 재스민 3~5방울, 로즈 2~3방울, 페티드그레인 3~5방울

② 질환에 따라 아로마 에센셜 오일의 이용

- 호흡기질환 : 베이스오일에 프랑킨신스(유향), 유칼립투스, 히솝타임, 라벤다, 시나몬, 에센셜 오일을 혼합하여 마사지 해주면 효과적이다. 특히 유칼립투스는 황색포도상구균의 70%를 제거하여 폐질환에 유효하게 사용되는 것으로 알려져 있다.
- 변비 : 펜넬, 진저, 마조람, 그레이프푸르트, 베르가못, 페파민트, 로즈마리 등을 활용하여 복부마사지를 해주므로서 장운동을 촉진시켜준다.
- 기억력 상승 : 스위트 알몬드 베이스오일에 라벤다, 제라늄, 파인, 레몬그라스, 샌달우드 등을 선택하여 피부에 사용해주면 뇌기능 활성에 효과적이다.

· 관절염 : 베이스오일에 라벤다, 로즈마리, 쥬니퍼, 마조람, 페파민트, 레몬그라스, 유칼립투스 등을 희석하여 사용하면 통증을 완화시켜주고 인체의 면역을 증강시켜 줄 수 있다.

(3) 원액의 국부도포(Neat application)

① 피부의 화상이나 베인 상처 부위에 라벤다를 직접환부에 사용할 수 있다.
② 사마귀의 피부질환에는 레몬을 도포한다.
③ 팔목 등의 신체부위에 일랑일랑, 샌달우드를 향수의 용도로 직접 사용한다.
④ 티트리는 여드름이나 뾰루지의 화농성 부분을 압출한 후 환부에 직접 도포해 주면 염증을 없애주는 효과가 있다.
⑤ 애완동물의 기생충예방, 살충작용, 벌레 물린 부위에 직접 사용하면 유효하다.

(4) 피부도포의 효과

① 혈액순환 개선
② 자극과 이완 증가
③ 노폐물 배출 촉진
④ 반사신경 활성
⑤ 긴장 완화
⑥ 내분비 호르몬의 조절 강화
⑦ 항염 완화
⑧ 염증완화

(5) 피부유형별 에센셜 오일의 적용

① 안면 적용

➔ 건성피부(Dry skin)
피부가 거칠고 유수분이 부족한 건성피부는 피부기능을 활성화하여 보습기능과 신진대사를 증진시켜줄 수 있는 에센셜 오일이 요구된다. 대표적인 에센셜 오일에는 로즈, 로즈마리, 펜넬, 네롤리가 널리 사용되며 기초오일에는 영양이 풍부한 아보카도오일, 윗점오일, 보리지오일이 효과적이다.

➔ 지성피부(Oily skin)
피지의 분비가 많은 지성피부나 여드름 또는 지루성피부는 쉽게 번들거리고 화장이 잘 지워지며 모공 내 염증유발이 쉬운 피부이다. 따라서 피부에 수렴, 살균, 피지조절의 효과를 줄 수 있는 제라늄, 캄포, 티트리, 레몬, 샌달우드, 시나몬, 클로브, 베르가못, 클라리세이지 등을 사용한다.

➜ 여드름(Acne)

여드름은 남성호르몬의 영향으로 피부표면에 피지분비가 왕성하고 모낭 내 염증유발성이 높은 피부이다. 또한 유전적요인 또는 직업이나 수면장애 식습관 등의 요인으로 과각화현상이 심해지면서 장기적인 여드름으로 발전하기 쉬운 특징이 있다. 따라서 모공 내 피지배출의 조절을 돕고, 죽은 각질의 제거와 잦은 염증에 대한 감염방지를 비롯하여 모공벽의 탄력을 강화시켜 줄 수 있어야 한다. 대표적으로 여드름 부위의 화농을 압출한 경우 티트리를 환부에 직접 사용할 수 있으며 염증이 잦은 피부에 요구되는 항염 부기완화 진정관리는 라벤다, 사이프러스, 네롤리, 일랑일랑 등이 효과적이다.

➜ 과색소침착피부(Hyperpigmentation skin)

피부의 과색소침착은 주로 기미, 주근깨, 일광반점 등의 색소이상증을 말한다. 과색소침착피부의 경우 각질층에서의 일시적인 수분부족, 색소형성 세포의 자극으로 쉽게 붉어지는 등의 민감성 특징을 내포하고 있어 자극적인 향 또는 광알러지 유발 관련의 에센셜 오일은 낮에 사용하는 것을 피해준다. 기미, 주근깨, 일광반점 등의 피부에는 진정, 미백, 보습의 저먼 카모마일, 그레이프푸르트, 레몬 등이 널리 이용된다.

➜ 노화피부(Aging skin)

노화피부는 피부가 거칠어지고 건조하며 진피층의 구조적 변화로 패인 주름과 피부조직의 이완으로 인해 피부의 생리적 기능이 저하된 피부이다. 피부의 노화가 진행된 피부에 적용할 수 있는 에센셜 오일은 아보카도, 아몬드, 윗점 등의 베이스 오일에 로즈, 아보카도, 헤이즐넛, 보리지, 라벤다, 이브닝프림로즈, 페티드그레인, 프랑킨신스 등을 이용한다.

➜ 민감성 피부(Sensitive skin)

민감성피부는 외부환경요인에 민감하게 반응하며 일시적인 수분부족과 가려움 모세혈관확장이 반복적으로 쉽게 발생될 수 있는 피부이다. 흔히 홍조, 모세혈관확장증의 문제성 피부로 발전할 수 있어 저자극성 오일은 선택하는 것이 중요하며 실핏선 생성을 방지해 줄 수 있는 수렴 재생효능의 카모마일, 로즈, 네롤리, 라벤다 등이 널리 이용된다.

② 전신 적용

아로마를 이용한 전신마사지는 민간요법에서는 고대로부터 인체의 질병퇴치와 면역력 향상을 위해 피부 및 근육계의 통증완화와 생식기 소화기 호흡기 등에 널리 이용되어 왔다. 에스테틱 분야에서의 에센셜 오일 사용은 두피관리와 흉복부관리, 배부관리, 발관리 등 전신의 체형관리 프로그램에 폭넓게 이용되고 있다. 특히, 통증경감의 치유효과와 피부탄력강화, 에너지강화, 피로회복, 면역력 향상에 탁월한 효과를 제공한다.

③ 어린이 마사지

어린이에서의 에센셜 오일 사용은 증류법과 냉각압축의 천연오일을 사용하는 것이 안정성이 높다. 에센셜 오일의 사용법은 12개월 미만 어린이의 경우 올리브, 해바라기, 아몬드 등의 캐리어오일에 자극이 없는 카모마일 라벤다를 1% 이내로 희석하여 사용할 수 있다. 개인적인 신체조건에 맞추어 사용하는 것이 중요하며 1~5세 대상의 어린이는 2방울정도, 6~12세의 경우 어른의 절반양을 사용하는 것이 안전하다.

사용범위에는 감기, 화상, 변비, 벌레물린데, 기저귀로 인한 발진, 자폐증 등에 효과적으로 이용되며 대표적으로 로만, 카모마일, 라벤다, 제라늄, 만다린, 마조람, 유칼립투스 등이 있다.

④ 노인 마사지

아로마 마사지는 노화가 진행된 연령에서도 시행되며 식욕부진, 요실금, 체중감소, 변비, 관절염, 호흡기질환에 적용할 수 있다. 특히, 뇌기능의 활성화로 기억력과 지적능력을 향상시켜줄 수 있으며 또한 피부감각기능을 도와 원활한 근움직임의 활동성을 강화시켜 준다.

4. 습포법(Cataplasm method)

아로마를 이용한 습포법은 아로마 에센셜 오일이 희석된 찬물 혹은 더운물에 담그어 살짝 비틀어서 물기를 짜낸 타월을 이용하며 피부에 국소적인 찜질의 효과를 제공할 수 있는 방법이다. 습포법은 온습포와 냉습포로 구분한다.

1) 온습포(Hot compress)

피부에 적용하는 온습포는 쉽고 간편하여 가정에서도 널리 이용된다. 이용범위에는 주로 류마치스 관절염, 허리통증 등의 만성질환과 생리통, 이통, 발열, 치통 등 급성의 통증완화에 매우 효과적으로 사용된다. 근육 통증 완화에 이용되는 에센셜 오일에는 카모마일, 클라리세이지, 유칼립투스, 라벤다, 마조람, 페파민트, 로즈마리 등이 있다.

2) 냉습포(Cold compress)

에센셜 오일을 이용한 냉습포는 피부의 수렴, 진정, 모공수축, 통증완화의 효과가 탁월하다. 냉습포는 두통, 눈부위의 부기, 염좌, 멍이 발생된 부위, 타박상, 경련 등 급성질환에 주로 이용되며, 피부의 탄력저하 및 모공수축 등에도 효과적인 방법이다. 냉습포에 이용되는 에센셜 오일은 라벤다, 로즈마리, 샌달우드, 제라늄 등이 널리 이용된다.

(1) 습포의 적용법

① 맨 먼저 일정크기 그릇을 준비하여 찬물 또는 더운물을 채운다.
② 아로마 에센스를 선택하여 4~6방울 떨어 뜨린 후 희석한다.
③ 사용부위에 알맞은 크기의 수건이나 거즈를 물에 적신다.
④ 재빨리 물기를 짜낸 타월을 환부에 밀착시켜 감싸 얹는다. 이때 환부의 습포부위에 랩핑(Rapping)처리를 병행하면 효과적이다.

(2) 습포의 효능

① 혈액순환의 개선
② 통증완화
③ 충혈억제
④ 부기 감소
⑤ 염증완화

5. 아로마 목욕법(Aroma bath method)

목욕 욕조를 이용한 아로마 수욕은 욕조에 두부를 제외한 몸 전체를 담구고 15~30분가량 침수하는 방법이며, 욕조에 몸을 담구어 에센셜 오일의 코를 통한 흡입과 동시에 피부흡수의 효과를 느낄 수 있는 아로마 욕조법이다. 근육과 신경을 안정시켜 심신의 피로를 회복시켜줄 수 있는 수욕법으로 알려져 있으며, 주로 정신적인 긴장이나 우울, 불면 등의 스트레스와 근육통, 류마치스 관절염의 통증치료에 효과적으로 이용된다.

1) 아로마 목욕법의 종류

아로마 목욕법은 목적에 따라 전신욕과 신체의 일부를 침수시키는 부분침수욕으로 구분할 수 있으며 부분적인 침수욕에는 수욕법, 족욕법, 좌욕법을 들 수 있다.

(1) 전신욕(Body bath)

전신에 수행되는 아로마 목욕은 피부의 건조함(Dryness) 폐경기의 갱년기증상 완화, 숙면, 변비, 부종, 튼살, 생리통, 두통, 요통 등의 근통증 완화에 효과적인 방법으로 널리 이용된다.

① 전신욕법

- 먼저 욕조에 더운물을 채운다.
- 신체의 바란스에 맞추어 아로마 오일을 선택한다.
- 베이비 오일, 크림 또는 꿀 4 티스푼에 5~15방울의 에센셜 오일을 혼합하여 욕조에 희석한다. 이때 사용되는 유화제에는 우유, 솔트, 보드카 등을 들 수 있으며 신체의 리듬에 맞게 선택하여 사용한다.
- 혼합한 에센셜 오일을 수욕기에 희석한다.
- 욕조에 수욕부위를 침수시킨 후 15~20분 정도가 효과적이다.
- 욕조에서 나온 후 피부를 마른 타월로 정돈한다.

② 베스오일 블렌드

베스 오일은 신체적 조건이나 취향에 맞는 오일의 사용이 중요하며 신체의 피로회복, 긴장완화, 우울증의 치유에 효과적이다.

➔ 릴렉스 베스
스위트 크림, 꿀 4~8스푼에 취향에 맞는 오일을 선택하여 사용한다.
〈베스 블렌드의 예〉
- 라벤다파인 3방울, 로즈우드 2방울, 재더 1방울
- 멜리사 2방울, 로즈제라늄 2방울
- 재더 1방울, 로즈 1방울
- 오렌지 2~5방울, 버가못 3방울

➔ 아이들의 목욕
4~6스푼의 유화제(스위트 크림, 바닐라, 꿀)에 오렌지 3방울, 그레이프푸르트 2방울, 로즈제라늄 1방울, 탠저린 3~5방울을 혼합하여 사용한다.

➔ 유화제 4~8스푼에 클라리 세이지 2방울, 일랑일랑 2방울을 혼합하여 사용한다.

(2) 부분 침수욕

① 수욕법(Hand bath)

물 보울에 40℃의 따뜻한 물을 채운 후 유화제에 에센셜 오일을 떨어뜨려 혼합한 후 손과 팔목을 담구는 부분적인 수요법이다.

② 족욕법(Foot bath)

족욕은 3~5방울의 에센셜 오일을 혼합한 따뜻한 물에 발부위를 침수시켜주는 방법이다. 신체의 극히 일부분이지만 체온상승과 반사구 신경활성에 대한 최대의 효과를 제공할 수 있으며 발의 피로와 무좀의 항균작용에 효과적이다. 족욕에 사용되는 에센셜 오일에는 티트리, 타임, 유칼립투스, 라벤다, 사이프러스, 클라리세이지, 쥬니퍼가 널리 이용된다.

➔ 족욕법의 순서

- 먼저 족욕기를 준비하여 15~20cm 깊이의 더운물을 채운다.
- 유화제에 3~5방울의 에센셜 오일을 희석한 후 물에 섞는다.
- 발은 발목(Ankless)까지 잠기게 담근다. 이때 물의 온도는 37.8~43.3℃가 적당하며 소요시간은 15분~20분가량 유지한다.

③ 좌욕법(Sits bath)

비뇨생식관련의 염증부위에 적용되는 부분욕으로 에센셜 오일 3~5방울 사용하여 따뜻한 물에 침수시키는 방법이다. 주로 냉증, 치질 등의 염증예방과 완화에 이용되며 특히 여성의 방광염에는 샌달우드, 티트리, 카모마일을 사용하며 외음부의 질염에는 증상을 완화시킬 수 있는 티트리, 베르가못, 샌달우드 등이 효과적이다.

2) 샤워법

아로마 에센셜 오일을 20~30방울을 희석한 오일을 피부에 도포하여 이용할 수 있는 방법이다. 샤워의 경우 찬물로 마무리하고 마른 타월로 피부를 가볍게 정돈하여 건조시켜준다. 아침 혹은 저녁에 손쉽게 사용할 수 있는 방법으로서 식욕촉진, 감기예방, 피로회복, 숙면에 효과적이다.

(1) 샤워 젤 블렌딩

① 200ml의 액체비누를 준비한다.

② 15~30방울의 에센셜 오일을 떨어뜨려 혼합한다.

- 샌달우드 5방울, 재더 2방울, 라임 5방울, 네롤리 3방울, 오렌지 12방울

· 버가못 4방울, 로즈 2방울, 로즈우드 4방울, 샌달우드 4방울, 라벤다 5방울
· 레몬 베르베나 6방울, 그레이프푸르트 6방울, 멜리사 3방울, 로즈 5방울, 로즈우드 4방울, 샌달우드 4방울, 미르테 2방울
· 버가못 4방울, 로즈 2방울, 로즈우드 4방울, 로즈마리 8방울, 샌달우드 4방울, 라벤다 5방울

3) 헤어케어(Hair care)

(1) 두피샴푸 블렌딩

① 무향의 화학적인 독소가 없는 샴푸를 선택한다.
② 샵에서 액체비누을 선택한다.
③ 500ml의 볼에 50g의 얇은 조각의 비누를 약간의 잿물을 반정도 될 때까지 끓인다.
④ 200ml 샴푸에 에센셜 오일 20~30방울을 첨가한다.

(2) 아로마 에센셜 오일의 두피적용

① 지성모발

버가못 5방울, 라벤다 10방울, 멜리사 5방울, 재더 10방울 또는 라임, 레몬, 사이프러스를 이용한다.

② 비 듬

카모마일 로만 3방울, 라벤다 3방울, 로즈마리 8방울, 쥬니퍼 6방울 또는 유칼립투스 재더를 이용한다.

③ 탈 모

제라늄 3방울, 로즈마리 8방울, 시이더 5방울, 또는 바젤, 라벤다, 타임을 이용한다.

④ 가는 모발

카모마일 3방울, 레몬 3방울, 라벤다 8방울

⑤ 지성모발의 컨디셔너

1주 1회 사용하며 50ml 조조바 오일과 50ml 윗점오일에 20방울의 에센셜 오일을 혼합한다. 혼합된 정유를 면솜에 적신 후 모발 전체에 도포하여 준다. 머리를 타월로 감싸고 2시간 정도 둔 후 모발을 세정한다.

⑥ **건성모발의 컨디셔너**

50ml의 윗점 오일에 50ml의 조조바 베이스오일을 혼합한다. 라벤다 8방울, 오렌지 4방울, 샌달우드 6방울, 일랑일랑 2방울을 혼합하여 모발을 린스 해준다.

6. 관주법(Douche)

일반적으로 에센셜 오일을 희석한 물을 이용하여 염증부위를 정하는 방법이다. 구내염, 구취, 입안, 점막궤양 등에 적용할 수 있는 가글링(Gargling)의 경우 미지근한 물 1리터에 10~15방울의 에센셜 오일을 희석하여 사용한다. 대표적으로 티트리, 세사미, 미르, 카다몬, 버가못 등이 널리 이용된다.

7. 아로마테라피 적용시 숙지사항

1) 부적응증의 대상 및 오일

① 저혈압에는 라벤다, 일랑 일랑, 마조람 등을 피해준다.
② 고혈압에 금기하는 오일에는 로즈마리 타임, 레몬, 세이지 타임, 히솝 등이 있다.
③ 간질(Epilepsy)에는 캄포, 로즈마리, 펜넬, 히솝은 자극적이므로 사용을 하지 않는다.
⑤ 당뇨병(Diabetes)에는 안젤리카, 히솝, 로즈마리, 세이지를 금기한다.
⑥ 어린아이(Children)에게 피해야 할 오일에는 로즈마리, 캄퍼바질, 유칼립투스, 펜넬, 라벤다, 파슬리, 세이지, 시다우드 등으로 알려져 있다.
⑦ 피부에 자극성이 있는 오일(Skin irritation)은 베이질, 블랙페파, 카제풋, 시다우드, 시나몬, 유칼립투스, 레몬, 페파민트, 파인, 티트리, 타임 등을 들 수 있다.
⑧ 광독성(Phototoxicity)에는 버가못, 진저, 레몬, 라임, 만다린, 오렌지, 시나몬, 펜넬, 파슬리, 세이지, 클로버, 페티드그레인 등이 있다.
⑨ 염증부위에 피해야 할 오일은 클로버, 시나몬, 민트, 베이가 있다.

2) 피해야 할 대상 및 오일

① 임신(Pregnancy) 3개월 미만은 피한다. 특히 로즈마리, 장미미, 재스민, 펜넬, 세이즈, 안젤리카, 시다우드, 클로브, 미르, 마조람, 쥬니퍼, 히숍, 바질, 타임, 셀러리, 파슬리 등이 있다.

③ 신장에 자극을 주는 오일에는 주니퍼 등이 있다

④ 불면증에는 페파민트, 스톤파인 등이 있다.

⑤ 독성(Toxicity)을 지닌 아로마 정유는 농도나 사용횟수를 조절하여 사용하여야 하며 주로 캄포, 펜넬, 타임, 시나몬, 클로브, 블랙페파, 히숍, 쥬니퍼 등이 있다.

⑥ 음용에 있어 독성이 많아 5㎖ 이상은 위험한 치사량으로 음용을 금하며 머거워터, 산톨리, 사사프라스 웜시드 통카빈, 웜우드, 튜자 등이 있다. 중간량의 독성을 가진 것으로 캄포, 바질베이, 버취, 윈트그린이 있다. 소량의 독성으로 카시아, 히숍(우슬초), 너트맥, 세이브리, 파슬리 등은 주의를 요한다.

3) 독성에 의한 부작용

(1) 음 용

① 독성이 많으므로 5㎖ 이상은 위험하다. 치사량이므로 음용을 금한다. 머거워터, 산톨리, 사사프라스, 웜시드, 통카빈, 웜우드, 튜자 등은 시중에 판매하지 못한다.

② 중간량의 독성을 가진 것으로 캄포, 바질베이, 버취, 윈트그린이 있다.

③ 소량의 독성으로 주의를 요한다. 카시아, 히숍(우슬초), 너트맥, 세이브리, 파슬리 시드 등이 있다.

(2) 도 포

① 염증의 위험이 있는 것으로 클로버, 시나몬, 민트, 베이, 카시아, 오레가늄이 있다.

② 과민반응으로 시나몬, 카시아, 페르발삼, 오크모스, 벤조인이 있다.

③ 광과민 반응으로 베이, 시나몬, 버가못, 오렌지, 레몬, 클로버 등이 있다.

제 5 장

증상별 아로마테라피 적용

1. 피부 관리
2. 모발, 두피 관리
3. 호흡기 장애
4. 소화기와 간장 질환
5. 통증(근, 골격) 관리
6. 신경 정신과 장애
7. 부인과 장애

제5장 증상별 아로마테라피 적용법

1. 피부 관리

1) 건성 피부

건성 피부는 흔히 나타나는 문제이기도 하며 실제적으로는 수분 섭취의 부족이 원인이 될 수 있다. 다른 원인으로는 탈수 현상이나 지방부족이지만 아로마 에센셜 오일은 피부에 지방 공급을 원활히 하는데 도움을 준다.

(1) 사용오일

벤조인, 파출리, 샌달우드

(2) 적용방법

벤조인 1방울, 파출리 2방울, 샌달우드 1방울을 캐리어 오일인 스위트 아몬드 오일 20ml, 아보카도 오일 15방울, 윗점오일 5방울과 혼합하여 얼굴 스팀 클렌징 및 주 1회 진흙 팩을 한다.

2) 지성 피부

지성 피부는 일반적으로 사춘기에 더욱 두드러지게 나타나는데 피지 생성이 전체적인 내분비 호르몬 시스템 활동과 연관되는 시기이기 때문이다. 에센셜 오일은 지성 피부의 표면에서 자라는 박테리아를 없애는데 도움을 줄 수 있으며, 피지선의 지방 생성을 억제하거나 정상화 하는데 도움을 줄 수 있다.

(1) 사용오일

쥬니퍼 베리, 니아울리, 스위트오렌지

(2) 적용방법

쥬니퍼 베리 1방울, 니아울리 2방울, 스위트오렌지 1방울을 캐리어 오일인 호호바 오일 20ml, 하이페리쿰 오일 20방울과 혼합하여 주 2회 얼굴 스팀 클렌징 및 진흙 팩을 한다.

3) 복합성 피부

복합성 피부는 T존인 이마, 코, 턱 부위가 지성인 반면에 눈과 볼, 목 부위의 피부는 건조할 수 있다. 따라서 부위별로 알맞게 관리를 하여야 한다.

(1) 사용오일

라벤더, 제라늄, 일랑일랑

(2) 적용방법

제라늄 1방울, 라벤더 2방울, 일랑일랑 1방울에 캐리어 오일인 복숭아씨, 살구씨 오일 20ml, 호호바 오일 15방울, 카멜리아 오일 5방울을 혼합하여 얼굴 스팀 클렌징 및 주 1회 진흙팩을 한다.

4) 노화 피부

피부는 노화가 될수록 피부의 탄력이 감소되고 주름이 나타나기 시작한다. 아로마 에센셜 오일은 피부의 생기와 활력을 주고, 피부의 재생을 도와주는 역할을 한다.

(1) 사용오일

캐롯시드, 프랑킨센스, 갈바니움

(2) 적용방법

캐롯시드 1방울, 프랑킨센스 1방울, 갈바니움 1방울에 캐리어 오일인 복숭아씨, 살구씨 오일 20ml, 캐롯 15방울, 로즈오일 5방울을 혼합하여 얼굴 스팀 클렌징 및 주 1회 진흙 팩을 한다.

진흙팩은 녹색 진흙 5g, 복숭아씨, 살구씨 오일 20ml, 캐롯오일 2방울, 로즈오일 1방울, 시너지 블랜드 1방울 에센셜 오일을 사용한다.

5) 민감성 피부

민감성 피부를 가진 사람은 지성피부보다 건성 피부에 많으며, 그 피부에 알맞는 제품을 선택하여야 하는데 순수하고 자연적이며 안전한 것이어야 한다. 민감성 피부는 향, 라놀린, 미네랄 오일, 비누와 같은 합성 성분이 함유되어 있는 제품은 피해야 한다.

(1) 사용오일

재스민, 라벤더, 만다린

(2) 적용방법

재스민 1방울, 라벤더 2방울, 만다린 1방울에 캐리어 오일인 선플라워 오일 20ml, 캐롯오일 15방울, 이브닝프라임 로즈 오일 5방울을 혼합하여 얼굴 스팀 클렌징 및 주 1회 진흙 팩을 한다.

6) 여드름

여드름은 모낭 주위의 피지선의 이상으로 인해 발생하는 피부 질환이다. 모낭 벽을 따라 위로 올라가 피부를 통해 밖으로 배출되는 피지가 피부 밖으로 배출되지 못하고 모낭 주위에 갇히면서 염증 발생하는 것이다. 이때 피지가 과잉되면 모공을 막게 된다. 막힌 모공 안에 세균이 모낭에 집단을 형성하여 염증을 발생시켜 여드름이 생기게 된다. 소화장애, 변비, 불규칙한 식생활, 스트레스, 비타민 대사이상, 자율신경 실조증 등이 악화의 원인으로 알려져 있다.

(1) 사용오일

① 피지조절과 정화 : 쥬니퍼 베리, 레몬, 시더우드
② 살균효과 : 라벤더, 카제풋, 제라늄
③ 염증의 진정효과 : 카모마일 로먼, 페티그레인

(2) 적용방법

① 도포법

바질 1방울, 레몬글라스 1방울, 니아울리 1방울, 호호바 오일 20ml, 하이페리큠 오일 20방울을 섞어서 사용한다. 또는 레몬 3방울, 페티그레인 3방울, 시더우드 3방울에 15ml의 호호바 오일을 섞어 여드름이 있는 얼굴과 목에 바른다.

② 목욕법

쥬니퍼 베리 2방울, 시더우드 2방울을 반 컵의 물과 섞어 솜뭉치에 적셔 2시간 간격으로 피부를 닦아내고 밤에는 이 시너지 오일로 목욕을 한다.

③ 스팀법

카모마일 로먼 2방울, 쥬니퍼 베리 1방울을 스티머에 떨어뜨리고 10~15분간 얼굴에 쏘인다. 이때 눈에는 아이패드를 꼭 올린다.

7) 모세 혈관 확장증

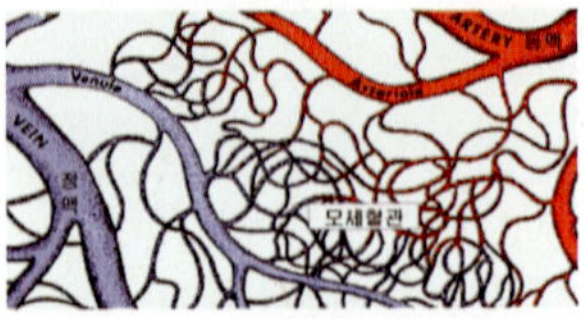

모세혈관 확장증은 작은 실핏줄들이 확장되어 복구되지 않는 질환을 말한다. 이 확장증은 가렵거나 아픈 증상이 전혀 없으나 심하게 되면 염증성 여드름처럼 홍반도 함께 나타날 수 있으며, 치료하지 않으면 없어지지 않는다. 모세혈관 확장증에서 나타나는 일반적인 현상으로는 추운 날씨에 밖에 있다가 실내로 들어오면 얼굴이 후끈 달아오르고, 목욕 후에는 더욱 빨개지는 증상이 나타나며, 감정의 고조에도 얼굴이 쉽게 붉어진다.

(1) 사용오일

라벤더, 제라늄, 사이프러스

(2) 적용방법

라벤더 2방울, 제라늄 5방울, 사이프러스 2방울을 로즈힙 10방울과 아몬드 오일 15ml 로 희석하여 마사지한다.

8) 습 진

외부 물질과 접촉함으로써 생기는 알레르기반응으로 나타나는 접촉성 습진, 아토피성 습진으로 나눈다. 원인이 불확실하고 재발하는 경향이 있으며, 벌겋게 붓거나 우툴두툴하게 부르트고, 물집이나 딱지가 생기거나 피부가 꺼칠해지는 것과 같은 여러 가지 증상이 나타나며 가려움을 동반하는 것이 특징이다.

(1) 사용오일

① 항염증 효과 : 카모마일 로먼, 사이프러스
② 일반적인 치료 효과 : 제라늄, 라벤더
③ 혈액 정화 : 쥬니퍼 베리
④ 피부 건조 예방 : 샌달우드

(2) 적용 방법

① 도포법

피부에서 진물이 나거나 습할 때는 라벤더 4방울, 제라늄 3방울, 쥬니퍼 베리 2방울에 15ml 캐리어 오일을 섞어 매일 아침저녁으로 발라준다. 피부가 건조할 때는 위의 오일에 샌달우드 1방울을 추가하거나 캐리어 오일 대신 로션을 섞은 시너지 오일을 발라 준다. 또는 제라늄, 레몬, 카모마일을 1:1:1로 배합하여 2% 정도 희석하여 환부에 발라준다.

② 마사지법

스트레스로 증상이 악화된 경우 라벤더 3방울, 카모마일 로먼 3방울을 캐리어 오일 10ml에 섞어 어깨, 목 부위를 마사지하면 효과가 있다.

③ 습포법

카모마일 로먼 2방울, 라벤더 2방울, 제라늄 1방울을 혼합하여 발병 부위에 찬습포한다.

④ 스팀법

사이프러스 2방울, 제라늄 1방울을 스티머에 떨어뜨려 얼굴에 10~15분간 쏘인다. 특히 아토피성 습진일 경우에 사용하면 좋다.

9) 알레르기성 피부염

알레르기성 피부염은 가려움증이 매우 심한 피부염이며, 외적요인으로 환경적인 면으로서 피부로 접촉하는 실내 공기, 실외의 대기, 애완동물의 털, 의복류, 침구류, 화장품, 장신구, 피부에 가해지는 상처, 바이러스, 세균, 곰팡이 등과 같은 자극적인 요인과 내적 요인으로는 인체 내부 환경적인 면으로서 유전, 기호 음식에 따른 혈액의 혼탁 정도, 스트레스, 피로 등 복합적으로 작용하는데, 1차적으로 피부에 자극을 주는 요인이 되는 집 먼지 진드기, 꽃가루, 애완동물 등의 외적 인자를 제거를 하도록 하고, 2차적으로는 알레르기가 발현될 수 있는 생활환경을 바꿔주어 내적으로 피부의 면역력을 강화시켜야 한다.

(1) 사용오일

사이프러스, 제라늄, 카모마일 로먼, 멜리사

(2) 적용방법

① 마사지법

사이프러스 5방울, 제라늄 4방울을 아몬드 오일 15ml로 희석하여 마사지한다.

② 스팀법

카모마일 로먼 1방울, 멜리사 1방울, 라벤더 1방울을 스티머에 떨어뜨려 10~15분간 얼굴에 쏘인다.

10) 헤르페스

헤르페스는 직접적인 피부 접촉을 통하여 전염된다. 바이러스를 가지고 있는 사람의 피부가 상대방의 점막에 닿게 되면 전염이 되는데, 주로 구강 점막 또는 요도나 성기의 점막을 통하여 전염된다. 증상은 물집, 상처, 반점, 가려움, 통증 등 사람에 따라 매우 다양하게 나타나는데, 신체의 면역력 저하나 스트레스로 인하여 발현 및 재발 증상이 나타나기도 한다.

(1) 사용오일

① 항바이러스 작용 : 제라늄, 티트리, 레몬
② 항바이러스 방부효과 : 유칼립투스, 라벤더

(2) 적용방법

① 도포법

제라늄 3방울, 레몬 1방울, 케머마일 저먼 2방울, 티트리 3방울, 라벤더 2방울을 섞어 그 중 2방울을 면봉에 적셔 증상 부위에 바른다.

② 마사지법

레몬 3방울, 유칼립투스 3방울, 제라늄 3방울에 카렌듈라(calendula) 캐리어 오일 15ml를 섞어 마사지한다.

11) 무 좀

백선균이나 효모균이 손바닥이나 발바닥, 발가락 사이에 침입하여 생기는 전염성 피부 진균증이다. 물집이 잡히고 부스럼이 돋으며 피부 껍질이 벗겨지기도 하고 몹시 가려운 것이 특징이며, 땀이 많거나, 신발이나 양말이 꽉 끼거나, 습기가 차고 통풍이 잘 안 되는 환경에 노출된 사람일수록 곰팡이 균에 감염이 쉽게 되어 발병하게 된다.

(1) 사용오일

항바이러스, 방부효과, 유칼립투스, 라벤더, 티트리

(2) 적용방법

① 도포법

유칼립투스 2방울, 라벤더 3방울, 티트리 2방울에 카렌듈라 캐리어 오일 10ml 섞어 발가락 사이 무좀 부위에 바른다. 피부가 갈라지고 아프면 티트리, 라벤더, 미르를 각각 3~4방울을 카렌듈라 캐리어 오일 25ml에 혼합한 후 발라준다. 끝난 후에는 수건으로 닦지 말고 그냥 말린다.

② 목욕법

유칼립투스 2방울, 라벤더 3방울, 티트리 2방울을 더운물에 섞어 매일 저녁 10분간 족욕을 한다.

③ 습포법

위의 시너지 오일을 더운물에 섞어 습포한 후 랩으로 싸서 양말을 신고 잔다. 족욕과 번갈아 실시하면 효과가 있다.

12) 두드러기, 발진, 피부염

두드러기는 건강한 피부에서 부분적 부종이 돌연 발생하여 심한 가려움증을 수반하고, 아토피성 피부염은 피부에 특정한 지방질이 부족해 수분이 과도하게 증발, 알레르기를 유발하는 요소들이 피부에 더 쉽게 들어와 생기는 질병이다. 알레르기가 생기면 가려워 긁게 되고, 긁을 때 생기는 상처로 물집과 딱지가 생기고 여기에 2차적으로 다시 세균감염이란 결과를 낳기도 한다.

(1) 사용오일

라벤더, 제라늄, 쥬니퍼 베리, 카모마일 로먼

(2) 적용방법

① 도포법

라벤더 4방울, 제라늄 4방울, 쥬니퍼 베리 1방울에 15ml의 캐리어 오일을 섞어 사용한다.

② 목욕법

카모마일 로먼 6방울, 라벤더 6방울, 제라늄 3방울을 떨어뜨려 목욕한다.

2. 모발, 두피 관리

1) 비 듬

두피에서 떨어져 나오는 각질에 지방이나 먼지가 묻어서 생기는 것이다. 비듬이 병적으로 많은 경우를 건성지루(乾性脂漏)라고 한다. 이것이 오래 지속되면 머리털이 차차 적어지며, 탈모를 유발하기도 한다. 비듬의 원인은 유전적인 체질의 요인과 남성호르몬의 과잉, 지방이나 당분의 대사 이상, 자율신경의 불안정 상태, 헤어토닉이나 파마의 자극 따위 등이 복합적으로 작용을 하여 생긴다.

(1) 사용오일

① 기름진 비듬 : 쥬니퍼 베리, 시더우드, 로즈마리, 레몬
② 건조하고 갈라진 모발 : 라벤더, 제라늄, 샌달우드

(2) 적용방법

① 도포법

건성 두피에는 라벤더 7방울, 제라늄 7방울, 샌달우드 4방울에 30ml의 캐리어 오일을 섞어 사용한다.

지성 두피에는 시더우드 8방울, 로즈마리 5방울, 레몬 5방울에 30ml 캐리어 오일을 섞어 사용한다.

② 목욕법

오일을 두피에 바른 상태로 짧게는 2시간, 길면 밤새도록 놓아둔다. 그 다음 샴푸와 린스를 하고 마지막으로 물에 위의 시너지 오일을 풀어 헹군다.

처음에는 매일 하다가 증상이 좋아지면 일주일에 두 번으로 줄인다. 만약 두피가 가렵고 벌겋게 되면 제라늄 2방울, 라벤더 2방울, 쥬니퍼 베리 3방울, 샌달우드 1방울을 15ml의 캐리어 오일에 섞어 염증 부위에 바르고 밤새도록 놓아둔다.

다음날 아침 무향의 마일드한 샴푸로 씻어낸다. 2~3일 동안 치료한 후 증세가 좋아지면 사용 횟수를 줄인다.

2) 탈 모

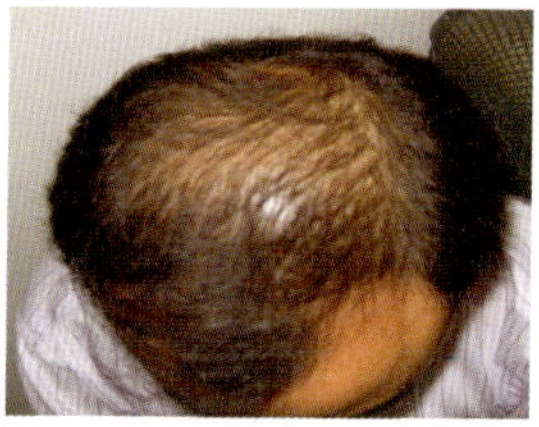

탈모는 유전적 요인과 내분비 장애(호르몬 이상), 영양 장애, 혈행 장애로 인하여 나타나며, 탈모 치유에 있어 가장 중요한 부분은 피지 조절과 휴식이다. 피지 분비량이 과도한 사람은 늘 두피를 청결히 하고 음식 또한 조절해야 한다. 또한 스트레스는 원형 탈모증의 원인이 될 수 있으므로 편안함과 휴식이 필요하다.

(1) 사용오일

① 두피자극 : 로즈마리, 일랑일랑
② 탈모방지 : 라벤더, 시더우드

(2) 적용방법

① 마사지법

로즈마리 3방울, 일랑일랑 3방울, 시더우드 2방울, 보드카 1/2티스푼을 섞은 후 30ml의 네롤리 워터 또는 멜리사 워터에 희석하여 사용한다. 탈모 부위에 오일을 몇 방울 떨어뜨린 후 2분간 마사지한다.

② 기 타

라벤더 5, 클라리 세이지 3, 시더우드 2, 로즈마리 2의 비율로 배합하여 식물유에 2~5%로 희석한 후 머리에 골고루 문질러주고 닦아낸다.

3. 호흡기 장애

1) 천 식

외인성 천식은 집 먼지진드기, 꽃가루, 동물의 상피, 곰팡이 등이 원인 항원이며, 내인성 천식으로는 상기도 감염, 운동, 정서불안, 한랭 기후 및 습도의 변화 등이 천식을 유발하거나 악화시키는 원인이다. 운동 유발성 천식은 모든 과격한 운동은 천식환자 들에게 호흡곤란의 증상을 유발할 수 있는데 운동으로 인한 과 호흡에 따른 기도의 열 또는 수분의 손실이 발병에 관여한다. 아로마 테라피의 향기 요법을 적용할 경우는 갑작스런 호흡곤란을 일으킬 수 있으므로 주의를 요한다.

(1) 사용오일

① 강력한 거담 : 유칼립투스, 레몬
② 수축성 경련 해소 : 제라늄, 사이프러스, 프랑킨센스, 페널, 로즈, 클라리 세이지

(2) 적용방법

① 마사지법

제라늄 3방울, 사이프러스 3방울, 프랑킨센스 3방울에 캐리어 오일 15ml를 혼합해 등, 허리, 가슴 부위를 마사지한다.

② 기 타

클라리 세이지 2방울, 사이프러스 2방울, 프랑킨센스 2방울을 물과 혼합하여 실내에 스프레이 하는 방법으로 사용한다.

2) 기관지염

일반적으로 감기를 앓다가 기관지염으로 되는 경우가 많고, 갑자기 찬바람을 맞아 생기는 경우와 먼지나 가스, 담배 등이 요인으로 작용하는 경우도 있다. 증상으로는 심한 기침과 가슴의 통증, 숨이 차며 입맛이 없으며, 머리가 아프고, 기관지에 염증이 생기고 고름과 같은 다량의 가래가 생긴다. 기관지염을 예방하기 위하여서는 항상 몸을 단련하여 저항성을 높여야 하며, 특히 만성 기관지염이 있는 사람들은 항상 기관지점막에 자극을 줄 수 있는 조건들을 피해야 한다.

(1) 사용오일

파인, 유칼립투스, 시나몬

(2) 적용방법

① 마사지법

제라늄 2방울, 티트리 2방울, 파인 4방울에 캐리어 오일 15ml를 섞어 만든 오일로 가슴, 등 부위를 마사지해 준다. 또는 유칼립투스 2방울, 타임 2방울, 시나몬 2방울, 레몬 3방울을 캐리어 오일 15ml에 섞어 마사지한다.

② 흡입법

티트리 8방울, 타임 10방울, 카모마일 로먼 7방울을 혼합해 그중 3방울을 램프에 떨어뜨려 사용한다. 또한 유칼립투스 2방울, 타임 2방울, 시나몬 2방울, 레몬 3방울을 혼합하여 그중 2방울을 증기 흡입하는 방법도 있다.

③ 기 타

카주풋 2방울, 샌달우드 1방울, 스위트타임 3방울을 선플라워오일 15ml에 섞어서 사용한다.

3) 감기, 독감

감기는 바이러스성 질병으로 코와 목구멍 근처인 인두에 염증이 생기는 병이다. 전염경로는 대부분 호흡기를 통하며, 환자의 기도 분비물 등이 대기 중에 퍼져 있다가 감염되거나 손 등의 직접 접촉에 의해서도 전염된다. 증상으로는 피로감, 재채기, 기침 콧물, 미열, 근육통, 목의 통증, 눈물, 두통 등을 동반한다. 스트레스 및 신체의 면역력 저하로 인하여 자주 걸리게 된다.

(1) 사용오일

① 감염예방 : 티트리, 레몬, 버거못, 블랙페퍼
② 면역 기능 강화 : 라벤더, 로즈마리, 티트리
③ 객담 제거: 유칼립투스, 페퍼민트, 시더우드

(2) 적용방법

① 마사지법

라벤더 3방울, 유칼립투스 3방울, 레몬 2방울, 페퍼민트 1방울을 캐리어 오일 15ml에 섞어 목 뒤, 가슴, 등, 얼굴 부위 등을 마사지한다.

② 목욕법

라벤더 6방울, 유칼립투스 4방울, 타임 4방울을 떨어뜨려 목욕한다.

③ 흡입법

페퍼민트, 유칼립투스, 로즈마리, 네롤리를 각각 1방울씩 섞어 그중 2방울을 램프에 떨어뜨려 발산시키거나 라벤더, 유칼립투스, 시나몬 2방울씩을 끓는 물 500ml에 넣고 그 증기를 코로 들여 마신다. 임신 중에는 사용을 금하고 어린이의 경우 분량을 1/2로 줄인다. 또는 유칼립투스 2방울, 페퍼민트 2방울, 티트리 2방울을 섞어 거즈에 떨어뜨려 흡입하거나 뜨거운 물에 타서 매일 저녁 흡입한다.

④ 가글링법

티트리 1방울, 레몬 1방울을 100ml 물에 떨어뜨려 가글링을 한다.

4) 건성 기침

기침은 유해물질이 기도 내로 들어오는 것을 방지하고 폐와 기관지에 존재하는 해로운 물질을 제거하는 정상적인 신체방어 작용이다. 기침은 가래의 유무에 따라 건성기침과 습성기침으로 나누며 비염, 인두염, 기관지염, 폐렴 등의 초기에 발생한다.

(1) 사용오일

유칼립투스, 라벤더, 타임

(2) 적용방법

① 마사지법

유칼립투스 5방울, 타임 4방울에 15ml의 캐리어 오일을 혼합해 등, 가슴 부위에 마사지한다.

② 흡입법

라벤더 3방울을 떨어뜨려 증기 흡입한다.

5) 점액성 기침

기침의 종류는 크게 객담이 있는 기침과 마른기침으로 나눠지는데, 객담이 있는 기침에도 객담이 점액성인지 또는 맑은 상태인지로 나눠야 하는데, 객담이 맑은 상태에서 객혈이 보이지 않고 주로 아침과 저녁에 자주 기침을 한다면 후비루일 가능성이 높으며, 객담이 점액성이면서 객혈이 섞여 나온다면 과거 백일해나 결핵을 앓은 병력을 갖고 있는 지 없는 지에 따라서 병력이 있는 사람은 기관지 확장증, 병력이 없는 사람은 만성 기관지염의 가능성이 높은데 이 두 가지 경우 모두 주로 아침에 기침을 많이 하게 된다.

(1) 사용오일

유칼립투스, 타임

(2) 적용방법

유칼립투스 2방울, 타임 2방울을 거즈에 적셔 흡입한다.

4. 소화기와 간장 질환

1) 소화불량

소화불량이란 음식섭취 후 소화가 안되는 증상만을 말하는 것이 아니고, 식후 포만감, 식욕부진, 복부 팽만감, 조기 포만감, 트림, 상 복부 불쾌감 또는 통증, 속 쓰림, 오심, 구토, 위산 역류, 가슴앓이 등의 소화기계 증상을 모두 포함한다. 이러한 소화불량의 증상 중에서 식후 불쾌감과 포만감이 기능성 소화불량에서 가장 흔하다.

(1) 사용오일

클로브 버드, 바질, 페퍼민트, 진저, 카더멈, 코리앤더, 비터오렌지, 시나몬

(2) 적용방법

① 마사지법

클로브 버드 3방울, 바질 3방울, 진저 3방울에 캐리어 오일 15ml를 혼합하여 시계 방향으로 원을 그리면서 복부 마사지를 한다. 또는 시나몬 1방울, 코리앤더 2방울, 비터 오렌지 2방울에 그레이프 시드 오일 15ml에 섞어서 전신 마사지 및 습포로 사용한다.

② 목욕법

카더멈 3방울, 페퍼민트 6방울을 목욕물에 섞어 사용한다.

2) 변 비

변비가 있으면 치질로 발전되는 문제도 있지만 장내에 부패물이 오래 머물기 때문에 신체 전체에 영향을 주어 쉽게 피로하고, 각종 성인병의 원인이 된다. 여성에게는 생리불순, 기미, 여드름 같은 피부질환도 유발한다. 만성변비가 되면 소화 장애, 복부팽만감, 두통, 피부장애, 어깨 결림 등이 생길 수도 있다.

(1) 사용오일

① 소화촉진 : 카모마일 로먼, 페티그레인, 블랙페퍼, 만다린, 로즈마리

② 스트레스 감소 : 마조람, 라벤더

(2) 적용방법

① 마사지법

마조람 4방울, 로즈마리 3방울, 카모마일 로먼 2방울에 15ml의 캐리어 오일을 하복부와 등에 시계 방향으로 마사지한다. 또는 로즈마리 3방울, 레몬 4방울, 페퍼민트 2방울에 캐리어 오일 15ml를 섞어 복부에 마사지한다. 하루 2회 이상 실시한다.

② 목욕법

로즈마리 9방울, 레몬 6방울, 페퍼민트 3방울을 섞어 욕조에 떨어뜨려 목욕을 한다.

3) 위궤양, 십이지장궤양, 식도궤양, 궤양성 대장염

위장은 우리가 섭취하는 음식물, 기호식품, 약물 등에 노출되어 끊임없이 자극을 받는 장기이다. 위장에 자극을 주는 물질로는 외부로 부터 들어오는 음식물 외에도 위장 안의 위산, 흡연, 과로, 스트레스 등 다양하다. 식도와 위, 십이지장, 대장의 궤양은 식도와 위, 십이지장, 대장 점막뿐만이 아니라 근육 층까지 헐어버리는 질환을 말한다. 증상으로는 속 쓰림, 위내 출혈, 빈혈, 위 천공, 궤양이 악성으로 변하거나, 통증, 식욕상실, 체중감소 등이 올 수 있다. 주기적인 검사와 위장에 자극을 제한하는 방향으로 식생활 및 스트레스 관리를 하는 것이 중요하다.

(1) 사용오일

스피어민트, 페퍼민트, 라벤더, 진저, 카더멈, 코리앤더

(2) 적용방법

① 마사지법

페퍼민트 3방울, 카더멈 2방울, 코리앤더 2방울, 진저 2방울에 캐리어 오일 15ml를 섞어 복부에 마사지한다.

② 기 타

스피어민트 6방울, 라벤더 2방울, 진저 2방울, 사이프러스 2방울을 섞은 물을 이용해 습포하거나 욕조에 놓고 목욕을 한다.

4) 설 사

설사의 원인은 매우 다양하며, 일반적인 단순한 설사는 과식, 찬 음식, 부패한 음식 등에 기인하며 긴장과 불안, 이 밖에도 특정식품에 대한 알레르기와 대사장해, 이질, 장티푸스, 궤양성 대장염 등 기관장애에 의한 경우도 있다. 증상으로 무력감, 권태감, 복통, 복부팽만감, 식욕감퇴, 불안, 두통 등이 오며, 심하면 소장운동이 항진되어 소장의 내용물을 빨리 보냄으로써 식욕부진과 소화불량이 되기 쉽다.

(1) 사용오일

① 건성, 수렴성 오일 : 사이프러스, 쥬니퍼 베리, 제라늄, 레몬
② 박테리아 살균 효과 : 티트리
③ 이완 작용 : 샌달우드, 카모마일 로먼, 마조람
④ 통증 완화 작용 : 페퍼민트, 로즈마리

(2) 적용방법

① 목욕법

제라늄 6방울, 쥬니퍼 베리 6방울, 페퍼민트 4방울을 목욕물에 섞어 사용한다.

② 마사지법

티트리 3방울, 페퍼민트 3방울, 제라늄 1방울, 샌달우드 2방울을 15ml의 캐리어 오일이나 로션에 섞어 하복부와 등 쪽에 시계방향으로 마사지한다. 이 처방은 수렴제, 안정액으로 사용한다. 또는 카모마일 로먼 3방울, 라벤더 3방울, 티트리 2방울에 캐리어 오일 15ml를 혼합해 복부 전체를 마사지한다.

③ 기 타

카모마일 로먼 1방울, 라벤더 3방울, 유칼립투스 2방울을 혼합해 램프 확산시키거나 습포한다.

5) 과민성대장증후군

일종의 기능적인 소화관 이상으로, 만성적으로 복통, 변비 또는 설사 등의 증상이 반복되는 것을 말한다. 장의 운동이상, 내장과 장체벽의 감각기능 이상, 스트레스, 자극적인 식사 등이 원인으로 지목되고 있다. 장 운동이상의 증상으로 식사 직후나, 배변 전에 복통이 일어나며, 배변 후에 통증이 계속되는 수도 있으나, 보통은 배변을 하면 가벼워지기도 한다. 변비가 심할 수도 있으며, 전신 피로, 두통, 불면, 어깨 결림 등이 나타나기도 한다.

(1) 사용오일

카모마일 로먼, 마조람, 라벤더, 페티그레인, 클라리 세이지, 제라늄, 네롤리, 블랙페피, 페퍼민트, 블랙페피, 페퍼민트

(2) 적용방법

① 마사지법

네롤리 2방울, 클라리 세이지 2방울, 라벤더 4방울, 제라늄 1방울에 아몬드 오일 15ml를 섞어 마사지한다. 또는 스위트 마조람 2방울, 블랙페퍼 2방울, 페퍼민트 2방울을 그레이프 시드 오일 15ml에 섞어서 사용한다.

② 습포법

카모마일 로먼 2방울, 라벤더 8방울, 마조람 2방울로 습포한다.

6) 속 쓰림

속 쓰림의 증상을 나타내는 질환은 여러 가지이다. 위궤양, 십이지장 궤양, 만성위염, 위암은 물론 위 천공 증세를 보이기도 한다. 특히 위암의 경우 최근 30대나 40대의 발병률이 높아지고 있는 추세여서 이에 대한 경고인 속 쓰림을 단순히 넘겨서는 안된다. 주로 상 복부 오목가슴이나 명치부분에 가볍거나 심한 통증이 생기는 경우인데, 이러한 증상들은 공복 시에 오는 경우도 있고 식후에 오는 경우도 있다. 요인으로 먼저 생활습관, 음주, 흡연, 과식, 스트레스, 기름진 음식을 자주 먹는다거나 운동이 부족한 경우, 그리고 진통제 등을 습관적으로 먹는 경우에 속 쓰림의 원인인 기능성 위장장애가 올 수 있다.

(1) 사용오일

샌달우드, 라벤더, 유칼립투스

(2) 적용방법

레몬 2방울, 페퍼민트 3방울, 샌달우드 4방울을 캐리어 오일 15ml에 혼합해 가슴뼈, 명치에 압력을 가하여 시계 방향으로 마사지한다. 또는 유칼립투스 2방울, 페퍼민트 3방울, 라벤더 1방울을 캐리어 오일 10ml에 섞어 마사지한다.

7) 오 심

구역질은 몸을 지키기 위한 스스로의 방어체계이다. 원인은 상한음식, 과음, 약물, 폭식 등 몸에 음식물이 과다하게 들어가거나 비위가 약한 경우로 비린음식의 냄새를 맡을 때, 임신으로 입덧하는 경우, 기타 다양한 원인에 의해서 구역질이 발생하기 때문에 그 원인을 파악하는 것이 중요하다.

(1) 사용오일

① 신경성 오심 : 샌달우드, 라벤더, 로즈
② 불건강한 식생활로 인한 오심 : 시나몬, 블랙페퍼
③ 입덧 진정 : 만다린
④ 멀미 진정 : 진저, 페퍼민트, 캐러웨이
⑤ 현기증 치료 : 멜리사

(2) 적용방법

① 도포법

페퍼민트 4방울, 블랙페퍼 3방울, 로즈 2방울에 캐리어 오일 15ml를 혼합하여 복부에 마사지하면 음식으로 인한 오심을 예방할 수 있다. 또는 페퍼민트 5방울, 캐러웨이 5방울에 캐리어 오일 15ml를 혼합하여 가슴과 상복부 부위에 바르면 여행 전 멀미 예방에 효과가 있다.

② 흡입법

페퍼민트 5방울, 진저 4방울을 섞어 그중 2방울을 거즈에 떨어뜨리거나 페퍼민트와 라벤더를 각각 1방울씩 거즈에 떨어뜨려 깊이 흡입해도 효과가 있다.

8) 간경화증

간의 만성 질환, 미만성 염증과 섬유화로 인해 결국 간의 기본 구조가 변하고 간 기능이 상실되는 질병으로 간세포가 파괴되고 정상조직인 간세포가 상흔조직으로 대치되어 정상적인 소엽구조가 결절(Nodule)세포로 된다. 경화의 첫 변화는 간의 지방침윤이며 지속적인 손상으로 인한 간의 섬유화는 간 구조를 변화시키고 그 결과 내장정맥과 문맥혈류의 폐쇄를 야기한다. 이러한 폐쇄는 수분정체, 부종악화, 복수, 수흉(Hydrothorax)을 일으킨다.

(1) 사용오일

타임, 레몬, 카모마일 로먼, 라벤더, 프랑킨센스, 로즈

(2) 적용방법

① 마사지법

카모마일 로먼 3방울, 라벤더 3방울, 프랑킨센스 1방울, 로즈 1방울, 레몬 1방울에 아몬드 오일 15ml과 카렌듈라 2ml를 섞어 오른쪽 상복부를 중심으로 마사지한다.

② 기 타

타임 4방울, 레몬 2방울을 섞어 그중 2방울을 흡입하거나 램프에 3~5방울 떨어뜨려 확산시킨다. 그리고 10~15방울 정도를 욕조에 떨어뜨려 목욕을 하는 것도 좋다.

9) 담낭염과 담석증

원인은 담즙정체, 세균감염, 기생충에 의한 담도폐색 대사 장애, 콜레스테롤의 농축이나 침전에 의한 결석 등에 있다. 증상은 우상복동통, 우측 늑간 부위의 동통, 구토와 매스꺼움 등을 호소하기도 한다. 만성일 경우 평소에도 우측 상복부나 우측 늑골부위에 은근한 통증이 있으며, 특히 고지방음식, 돼지고기, 생선회를 먹었을 때 소화가 잘 안되고 트림과 가슴이 답답함을 느낀다. 증상이 심해지면서 황달과 오한발열의 염증증상이 동반된다.

(1) 사용오일

페퍼민트, 로즈마리, 파인

(2) 적용방법

페퍼민트 2방울, 파인 3방울, 로즈마리 1방울에 캐리어 오일 10ml를 혼합하여 오른쪽 늑골 아래 부위를 마사지한다.

5. 통증(근, 골격) 관리

1) 관절염

관절염이란 뼈와 뼈마디를 연결하여 매끈하게 움직이게 하는 물렁뼈가 소실되는 것을 말하며, 퇴행성관절염, 류머티즘관절염, 대퇴골두무혈성괴사, 외상성 관절염 등 여러 종류가 있다. 관절염은 몸무게가 실리는 무릎, 엉덩이, 척추 관절에서 주로 발생되는데 노화, 비만, 가족력, 골절이나 과도한 운동 등으로 인한 모든 관절 부위에 생길 수 있다. 비만인 경우나 쪼그려 앉아 일을 많이 하는 사람, 골다공증이 있는 사람, 음주나 흡연을 과다하게 하는 사람들은 특히 조심을 해야한다.

(1) 사용오일

① 류머티즘성관절염 치료 : 라벤더, 유칼립투스, 페퍼민트, 카모마일 로먼, 카모마일 저먼, 제라늄, 로즈마리, 레몬, 타임
② 골관절염 치료 : 진저, 바질, 유칼립투스, 타임, 마조람, 레몬
③ 염증 제거 : 카모마일 로먼, 라벤더
④ 부기해소 : 쥬니퍼 베리, 유칼립투스, 사이프러스, 레몬, 로즈마리
⑤ 근육 이완과 통증 제거 : 마조람, 진저
⑥ 심한 통증 제거 : 마조람, 진저

(2) 적용방법

① 마사지법

류머티즘성관절염에는 라벤더 7방울, 페퍼민트 5방울, 타임 6방울을 30ml의 캐리어 오일에 섞어 마사지한다. 그리고 골관절염에는 진저 6방울, 바질 5방울, 마조람 7방울을 30ml의 캐리어 오일에 섞어 정기적으로 마사지한다.

② 목욕법

라벤더 4방울, 로즈마리 4방울, 유칼립투스 6방울을 따뜻한 목욕물에 떨어 뜨려 목욕한다. 통증이 심하면 카제풋(또는 카모마일 로먼) 2방울을 더 추가한다.

③ 습포법

위의 시너지 오일에 쥬니퍼 베리 3방울을 추가해 그중 10방울을 더운물에 떨어뜨린 후 깨끗한 수건을 적셔 습포한다.

④ 진흙 팩

페퍼민트 3방울, 카모마일 로먼 3방울, 라벤더 1방울, 1테이블스푼의 건조된 진흙을 물과 잘 섞어 팩을 한다.

⑤ 기 타

쥬니퍼 베리 4방울, 유칼립투스 5방울, 카모마일 로먼 5방울, 라벤더 4방울에 캐리어 오일 30ml를 혼합해 마사지나 도포를 하면 진정, 항염성 작용을 발휘한다. 도포는 부드럽게 하고 마사지시 통증과 염증이 있는 관절 부위는 피한다.

2) 요 통

요통은 요부를 형성하는 피하조직, 배근막, 인대, 척추관절, 추간판, 척수 등 어느 것에서나 이상이 생겨 허리부분에 나타나는 통증을 말한다. 요통은 젊은 사람에게는 증상이 가볍고 기간도 짧은데 비하여, 연령이 증가할수록 더 심하고 오랫동안 지속된다. 원인으로는 허리디스크, 외상, 자세이상, 퇴행성관절염, 골다공증, 요추골격의 기형, 척추의 염증이나 종양 등이 요통을 유발한다. 또한 위장질환, 신장질환 등이 내부 장기의 질환과, 자궁의 염증, 자궁의 종양, 난소의 종양 등 여성의 골반내질환 등으로도 올 수 있으며, 대동맥의 동맥류, 폐쇄성동맥질환, 말초혈관의 혈전증, 척수공동증, 척수종양 등으로도 올 수 있다.

(1) 사용오일

유칼립투스, 페퍼민트, 클로브 버드, 로즈마리

(2) 적용방법

① 마사지법

페퍼민트 3방울, 로즈마리 4방울, 카모마일 로넌 2방울에 캐리어 오일 15ml를 혼합해 등 허리에 마사지한다.

② 기 타

로즈마리 3방울, 클로브 버드 1방울, 유칼립투스 1방울을 혼합해 하루 2번 이상 등, 허리에 습포 또는 도포한다.

3) 좌골신경통

좌골신경통이란 허리에서부터 엉덩이와 다리의 후, 측면부를 따라 퍼져 내려가거나 혹은 올라가는 통증을 총칭한다. 좌골신경통의 원인으로 가장 많은 것은 척추질환이며, 그 중에서도 척추와 척추사이에 끼어 완충 역할을 하는 추간판이 문제가 되는 추간판 탈출증이 가장 흔한 것으로 알려져 있다. 그 외에 척추관 협착증, 척추 전위증, 감염, 동맥 경화증 등이 있다. 척수 종양 같은 매우 드문 원인을 제외한다면 이러한 통증의 원인들은 많은 경우가 좋지 않은 자세나 노화에 의한 척추 뼈와 그 주변조직의 변화가 주된 요소이다. 따라서 일상생활에서 바른 자세를 취하는 것이 매우 중요하다.

(1) 사용요일

제라늄, 페퍼민트, 라벤더

(2) 적용방법

① 마사지법

제라늄 3방울, 페퍼민트 2방울, 라벤더 4방울에 캐리어 오일 15ml를 혼합해 엉덩이, 다리, 발에 마시지 한다.

② 목욕법

제라늄 6방울, 페퍼민트 4방울, 라벤더 8방울을 욕조에 떨어뜨려 복용한다.

4) 염 좌

관절을 심하게 움직여서 관절을 지탱하는 인대의 섬유가 늘어나거나 찢어진 상태로서 갑작스런 심한 통증에 이어 관절 주변이 부어오르고, 심한 통증이 있으며, 관절이 뻣뻣해지고 종종 관절 안으로 피가 흘러들어가 시퍼렇게 된다. 염좌가 잘 일어나는 부위는 발목, 손목, 무릎과 손발가락의 관절, 허리 아래쪽의 천골장골관절(Sacroiliac joint) 등이다. 대개 관절부위를 압박붕대로 지지·보호하고, 완전히 치료될 때까지 단계별로 움직이도록 해서 치료한다. 염좌가 심하면 인대를 재결합시키는 수술이 필요하다. 발목의 염좌(捻挫)는 흔히 운동을 하거나 길을 걷는 도중에 발을 헛디디거나 발목이 심하게 꺾이는 경우에 발생하는 족근부의 인대 손상을 의미하며 가장 빈번히 일어나고 있다. 증상은 국소종창, 압통이 있고, 때로는 피하출혈이 생겨 멍이 들기도 한다. 대개는 48시간 내에 좋아지기 시작하고, 10~14일이 지나면 정상으로 돌아오는 것이 보통이다.

(1) 사용오일

① 진통효과 : 마조람, 로즈마리, 유칼립투스, 페퍼민트
② 진정효과 : 라벤더

(2) 적용방법

① 도포법 : 마조람 6방울, 로즈마리 3방울에 15ml의 캐리어 오일을 섞어 바른다. 또는 로즈마리 3방울, 유칼립투스 3방울, 페퍼민트 3방울을 15ml의 캐리어 오일에 섞어 사용한다.
② 마사지법 : 위의 시너지 오일에 캐리어 오일 15ml를 섞어 마사지한다.
③ 목욕법 : 위의 시너지 오일 9방울을 찬물 600ml에 떨어뜨린 후 10분 정도 삔 부위를 담근다.
④ 습포법 : 삔 부위 부분욕 후 위의 시너지 오일로 1시간 정도 상처 부위에 차갑게 습포한다.

5) 근육 경련

근육경련이 가장 많이 일어나는 부위는 종아리 근육이며, 확실한 원인이 규명되지 않았으나, 과도한 열, 탈수, 전해질의 소실, 근육의 피로, 불충분한 스트레칭 등 다양한 이론이 있으며 최근에는 신경과 근육의 상호작용에 초점이 모아지고 있다.

(1) 사용오일

마조람, 카모마일 로먼, 만다린, 사이프러스

(2) 적용방법

① 도포법 : 마조람 4방울, 카모마일 로먼 3방울, 만다린 2방울을 캐리어 오일 15ml에 섞어 매일 밤 한번 씩 도포 하다가 점차 줄여 1주일에 두 번씩 한다.
② 마사지법 : 위의 시너지 오일로 다리 마사지를 한다.
③ 목욕법 : 마조람 7방울, 카모마일 로먼 5방울, 만다린 3방울을 욕조에 떨어뜨려 목욕한다.

6) 근육통

근육통에는 급성 근육통과 지연된 근육통이 있는데 급성 근육통은 운동하는 근육으로 충분하게 혈액순환이 되지 않기 때문에 생긴다. 운동하는 근육에 혈액순환이 부족해지면 근육 내에 산소가 부족해지고 운동으로 만들어진 대사적 산물(수소이온 또는 젖산)이 과잉 축적되어 통증 감각기를 자극하게 되면 근육통증을 일으킨다. 이러한 근육통은 운동 후 몇 분이 지나면 금방 사라지는 단시간의 급성 근육통이다. 지연된 근육통은 보통 운동 후 24~48시간 뒤에 나타나며 통증은 며칠 동안 지속된다. 지연된 근육통의 원인에 대해서는 아직까지 명확하게 밝혀져 있지 않지만 반복적으로 강하게 근육수축이 되는 운동을 하게 됨으로써 발생하게 된다고 알려져 있다.

(1) 사용오일

로즈마리, 마조람, 라벤더, 쥬니퍼 베리, 레몬, 블랙페퍼, 페퍼민트, 하이페리큠, 님시드

(2) 적용방법

① 마사지법 : 쥬니퍼 베리 2방울, 로즈마리 3방울, 라벤더 3방울, 레몬 1방울을 캐리어오일 15ml에 혼합해 통증 부위에 마사지한다. 또는 블랙페퍼 2방울, 페퍼민트 2방울, 로즈마리 2방울, 하이페리큠 15방울, 님시드 3방울을 선플라워오일 15ml와 섞어서 정기적으로 마사지한다.

② 목욕법 : 로즈마리 8방울, 마조람 4방울, 라벤더 6방울(또는 카모마일 로먼)을 떨어뜨려 전신 욕을 한다.

③ 습포법 : 카모마일 로먼, 로즈마리 각각 2방울을 섞을 후 따뜻한 물에 습포용 거즈를 묻혀 물기를 짜낸 다음 통증 부위에 약 10분간 올려놓는다.

6. 신경 정신과 장애

1) 우울증

우울증은 감정의 리듬이 잘못되어 일어나는 병으로서 스트레스로 인해 슬프거나 울적함이 도를 지나쳐 생기는 경우와 또한 아무 이유 없이 발생하는 경우로 나눌 수 있다. 우울한 감정과 이에 따른 걱정의 범위가 도를 넘어서면 마음과 몸, 그리고 생각에까지 영향을 줌으로써 개인의 행동과 사고가 비생산적이며 비관적으로 바뀌게 된다. 원인으로서는 생물학적, 심리적, 환경적 요소들이 복합적으로 우울증의 유발에 관련이 있다.

(1) 사용오일

클라리 세이지, 카모마일 로먼, 제라늄, 라벤더, 로즈 샌달우드, 일랑일랑

(2) 적용방법

① 마사지법 : 라벤더 4방울, 제라늄 4방울, 카모마일 로먼 2방울을 15ml의 캐리어 오일에 섞어 등과 목 뒤, 어깨 등을 마사지한다.
② 목욕법 : 클라리 세이지 6방울, 제라늄 4방울, 일랑일랑 2방울을 떨어뜨려 목욕한다. 또는 제라늄 4방울, 네롤리 2방울, 카모마일 로먼 4방울을 떨어뜨려 목욕한다.
③ 흡입법 : 클라리 세이지 4방울, 로즈 2방울을 섞어 그중 2~3방울을 아침, 저녁으로 램프에 떨어뜨려 흡입하거나 샌달우드 2방울을 추가하여 증기 흡입한다.
④ 기타 : 임모텔 2방울, 로즈오토 1방울, 샌달우드 1방울을 선플라워오일 15ml에 섞어서 정기적인 마사지나 증기, 목욕 등에 사용한다.

2) 불면증

불면증이란 잠을 이루지 못하는 것만이 아니고, 잠이 들어도 깊은 잠을 자지 못하거나 자주 깨는 등의 증상을 말한다. 불면의 원인으로는 잘못된 수면 습관 때문인 경우가 많고, 우울이나 불안의 증상을 가진 정신적 문제, 만성 알코올중독증, 천식, 심장질환, 폐질환, 두통, 뇌 혈행 장애성 질환 등이 있을 때와 약물(혈압 상승제, 비타민제, 각성제) 복용 혹은 커피, 홍차 등의 섭취에도 일어난다.

(1) 사용오일

① 안정, 진정 효과 : 사이프러스, 라벤더, 카모마일 로먼, 베티버, 그레이프푸르트
② 소화 촉진 : 마조람, 레몬
③ 숙면 효과 : 쥬니퍼 베리, 로즈, 일랑일랑, 샌달우드

(2) 적용방법

① 마사지법 : 버거못 3방울, 라벤더 3방울, 카모마일 로먼 3방울을 15ml의 캐리어 오일에 혼합하여 얼굴, 어깨 또는 전신에 마사지한다. 또는 라벤더 3방울, 일랑일랑 3방울, 카모마일 로먼 3방울과 캐리어 오일 15ml를 섞어 목 뒤, 어깨에 마사지한다.

② 목욕법 : 흡입법에서 사용하는 시너지 오일 중 한 가지를 택해 목욕을 해도 효과적이다.

③ 흡입법 : 라벤더 3방울, 카모마일 로먼 2방울을 섞어 그중 1방울을 거즈에 떨어뜨려 깊이 흡입한다. 또는 라벤더 3방울, 일랑일랑 3방울, 카모마일 로먼 2방울을 섞거나 클라리 세이지 3방울, 베티버 2방울, 마조람 2방울, 라벤더 2방울을 혼합한 시너지 오일 중 3~5방울을 램프에 떨어뜨려 발산시킨다.

④ 기타 : 그레이프푸르트 2방울, 라벤더 3방울, 베티버 1방울을 선플라워 오일 15ml에 섞어서 정기적인 마사지, 증기 흡입, 목욕, 향수로 사용한다.

3) 두 통

두통의 원인을 정확히 알아내기 어려우므로 자세한 병력과 정확한 진찰로 특정 뇌질환에 의한 두통의 가능성을 검토하고 조금이라도 뇌질환이 의심되면 CT나 MRI 등 적절한 검사가 필수적이다. 두통은 원인에 따라 크게 두 가지로 나눌 수 있는데, 기질적 두통으로 뇌종양, 뇌출혈, 뇌막염, 뇌신경증, 만성 부비강염 등이 있고, 다른 질병에 의한 두통비 기질적 두통으로 편두통, 군발성 두통, 삼차신경통, 긴장성(심인성) 두통 등 두 가지는 동시에 나타날 수도 있으며 원인에 따라 치료가 달라지므로 반드시 상담이 필요하다.

(1) 사용오일

① 통증해소 : 라벤더, 마조람, 캐마일로먼, 베이

② 부비강 충혈 해소 : 유칼립투스, 페퍼민트

③ 생리로 인한 두통 해소 : 클라리 세이지

(2) 적용방법

① 마사지법 : 라벤더 2방울을 손가락에 묻혀 관자놀이, 귀 뒤, 목 뒤를 2번 이상 문지르는데 이때 눈에 들어가지 않도록 주의한다. 또는 라벤더 3방울, 유칼립투스 3방울을 10ml의 캐리어 오일에 혼합하여 이마, 귀 뒤, 양쪽 눈가, 어깨, 목 등을 마사지한다.

② 목욕법 : 마조람 4방울, 카모마일 로먼 4방울, 라벤더 4방울을 목욕물에 떨어뜨려 사용한다.

③ 흡입법 : 마조람 2방울, 라벤더 2방울, 페퍼민트 2방울을 혼합하여 그중 1방울을 거즈에 떨어뜨려 흡입한다. 편두통에는 멜리사를 1방울 추가하여 깊게 흡입한다.

④ 기타 : 베이 2방울, 마조람 2방울, 페퍼민트 2방울을 선플라워오일 15ml에 섞어서 정기적으로 전신 및 뒷목의 마사지, 증기 흡입, 목욕에 사용한다.

4) 편두통

편두통은 혈관성(Vascular) 두통 중 가장 흔한 형태로, 재발성, 발작적으로 나타나는 두통과 함께 편측 또는 양측 머리에서 박동성 두통이 있으면서 안통, 오심과 구토를 흔히 동반하고, 전조증상으로 시각 또는 감각장애 및 편마비 등이 있을 수도 있다. 두통과 함께 안구 부위의 통증이 동반되는 경우가 많고, 머리를 흔들면 머리가 울리는 것을 느낄 수 있다. 편두통은 크게 무전조성 편두통(Migraine without aura)과 유전조성 편두통(Migraine without aura)로 구분하는데, 전구증상(Aura)이 있으면 유전조성 편두통이고 없으면 무전조성 편두통이다.

(1) 사용오일

멜리사, 로즈마리, 라벤더, 카모마일 로먼, 제라늄, 레몬, 페퍼민트, 마조람

(2) 적용방법

① 마사지법 : 제라늄1방울, 레몬 2방울, 라벤더 3방울에 캐리어 오일 10ml를 섞어 관자놀이, 이마, 뒷목, 어깨 등을 마사지한다.

② 흡입법 : 라벤더 3방울, 카모마일 로먼 1방울을 섞어 그중 1방울을 거즈에 떨어뜨려 흡입하거나 마조람 2방울을, 라벤더 2방울, 페퍼민트 2방울, 멜리사 1방울을 섞어 그중 3~5방울을 램프에 떨어뜨려 발산시킨다.

5) 정신적 피로

피로감을 느낀 기간이 1~2주 정도로 짧을 때는 출혈, 심폐기능의 이상 등의 급성 기질적 질환에 의한 경우가 많고, 수개월 정도의 기간으로 피로감을 호소할 경우는 결핵, 당뇨병 내지 내분비적 만성 질환이거나 암도 생각할 수 있다. 수년씩이나 지속되는 피로는 "성격장애"로 인한 정서 이상인 경우가 많다. 또 피로의 주기성도 주요 요인으로 지속적인 경우 기질적 질환이 많고, 환경이나 기분에 좌우된 경우 정신적인 원인에 의한 것일 경우가 많다.

(1) 사용오일

로즈마리, 클라리 세이지, 쥬니퍼 베리

(2) 적용방법

① 마사지법 : 클라리 세이지 3방울, 쥬니퍼 베리 2방울, 로즈마리 4방울을 혼합한 후 15ml의 캐리어 오일에 섞어 등과 어깨에 마사지한다.

② 흡입법 : 로즈마리 오일을 거즈에 1~2방울 떨어뜨린 후 셔츠 안쪽에 넣고 다니거나 꺼내서 흡입한다.

6) 스트레스

스트레스는 생체의 평형을 깨뜨릴 수 있는 모든 외부의 자극을 통칭하는 말이다. 외부로부터 주어지는 환경적 압박에 의해 내적인 긴장감을 느끼게 되는 것이다. 그러나 스트레스가 모두 해로운 것만은 아니다. 스트레스는 어려움을 극복하게 하고, 목표를 성취하도록 하는 동기를 유발시키고 삶의 활력을 불어 넣어주기도 한다. 이처럼 적당한 스트레스는 생활의 촉진제가 될 수도 있는 것이다. 따라서 스트레스를 어떻게 다루는가의 여부에 따라 우리들의 건강과 행복은 크게 영향을 받게 되는 것이다. 그러므로 적절히 스트레스를 받아들여 슬기롭게 극복하고, 해소함으로써 우리의 육체, 정신적 건강을 지켜내야 할 것이다.

(1) 사용오일

로즈, 네롤리, 클라리 세이지, 제라늄, 카모마일 로먼, 쥬니퍼 베리, 라벤더, 샌달우드, 마조람, 일랑일랑, 펜넬

(2) 적용방법

① 마사지법 : 라벤더 3방울, 카모마일 로먼 3방울, 샌달우드 2방울, 일랑일랑 1방울, 캐리어 오일 15ml를 혼합해 어깨 또는 전신을 마사지한다.

② 목욕법 : 제라늄 4방울, 라벤더 4방울, 샌달우드 4방울, 일랑일랑 2방울을 이용해 목욕한다.

③ 흡입법 : 라벤더 4방울을 램프로 증발시키거나 1방울을 거즈에 떨어뜨려 흡입한다.

④ 기타 : 펜넬 1방울, 제라늄 3방울, 그레이프푸르트 2방울을 선플라워오일 15ml에 섞어서 정기적으로 전신마사지, 증기 흡입, 목욕, 향수 등에 사용한다.

7) 자폐증

자폐증은 하나의 행동적 증후군으로서 사회적 상호작용에 있어서의 발달장애, 의사소통과 상상력에 의한 활동의 장애 및 현저하게 한정된 활동 및 관심이 특징인 장애이다. 자폐증의 원인으로, 처음에는 정신사회적인 또는 정신역동적인 원인으로 생각되었으나, 최근에는 생물학적인 요인들로 자폐증이 출생 전후의 뇌손상과 뇌염, 임신일 때 감염에 의한 선천성 풍진, 선천성 매독, 페닐케톤요증 등이 원인이 된다는 증거들이 제시되고 있으며, 기타 생화학적, 유전적 면역학적, 신경해부학적인 요인들이 제시되고 있다.

(1) 사용오일

버거못, 제라늄, 클라리세이지, 네롤리, 그레이프프루트, 사이프러스, 로즈마리 등

(2) 적용방법

① 버거못 4방울, 제라늄 2방울, 클라리 세이지 3방울을 15ml의 캐리어 오일에 섞어 등, 복부, 목 뒤, 얼굴 등을 마사지하면 불안, 두려움 해소에 효과적이다.

② 네롤리, 사이프리스, 로즈마리, 그레이프푸르트 등을 택하여 목욕이나 훈증법으로 활용한다.

7. 부인과 장애

1) 생리 전 증후군

대부분 여성들은 월경이 시작되기 수 일 전부터 피로감, 유방통증, 집중력 저하, 초조감, 두통, 복통, 어지러움, 짜증스러움, 부종 등의 증상을 경험한다. 이 같은 여러 가지 증상들이 일상생활에 지장을 초래할 정도로 월경 주기에 따라 반복해서 나타나는 증상을 말한다. 원인은 아직 분명치 않지만 월경 전 여성 호르몬의 변화 및 호르몬의 이상 반응 또는 육체적 증상과 관련해서는 비타민 B6의 결핍, 저혈당증, 부신(副腎)의 활성도 증가 등이 관련돼 있다고 추정되고 있다.

(1) 사용오일

① 생리 정상화 : 클라리 세이지

② 체액정체 현상 해결 : 펜넬, 쥬니퍼 베리, 로즈마리, 제라늄

④ 감정 조절 : 네롤리, 버거못, 재스민, 로즈

⑤ 정서안정 : 라벤더, 카모마일 로먼, 샌달우드, 로즈오토

⑥ 감정 고조 : 멜리사, 클라리 세이지

(2) 적용방법

① 마사지법 : 클라리 세이지 5방울, 라벤더 3방울, 멜리사(또는 로즈) 1방울을 15ml의 캐리어 오일과 혼합해 어깨나 전신에 마사지한다.

② 목욕법 : 라벤더 9방울, 로즈 6방울을 목욕물에 떨어뜨려 사용한다.

③ 흡입법 : 멜리사 1방울, 라벤더 1방울, 카모마일 로먼 1방울을 섞어 그중 1방울을 거즈에 묻혀 심호흡하면 정서가 안정되고 두통에 좋다.

④ 기타 : 클라리 세이지 2방울, 제라늄 3방울, 로즈오토 1방울, 이브닝 프라임로즈 15방울을 선플라워오일 15ml에 혼합하여 정기적으로 전신 및 복부 마사지 및 목욕, 향수 등으로 사용한다.

2) 심한 생리통

생리통은 월경 기간 중의 자궁 수축으로 인한 통증을 말하며, 특별한 질병이 없이 발생하는 원발성 월경통과 원인 질환으로 인해 통증이 발생하는 속발성 월경통으로 나눌 수 있다. 월경통을 일으키는 원인 질환에는 후천성, 울혈성, 염증성, 막성, 폐쇄성, 난관, 자궁, 난소 부위의 이상으로 인한 경우 등으로 나눌 수 있다. 통증은 주로 경련성이나 진통과 같은 성격인데, 하복부와 치골에 통증이 오며 경우에 따라서는 아랫배와 다리까지 아프기도 한다. 심할 때에는 요통, 오심, 구토, 피곤, 어지럼증, 설사, 식욕 부진, 두통, 신경과민 등을 동반한다. 이러한 증상들은 대체적으로 나이가 들거나 출산을 경험하게 되면 저절로 호전되는 것이 보통이다. 빈혈이나 급격한 체중감소, 당뇨, 만성질환, 과로, 정신적 긴장감 등은 통증에 대한 민감도를 높여 생리통을 심하게 느끼게 한다.

(1) 사용오일

① 통증 완화와 자궁 경련 해소 : 사이프러스, 마조람, 카모마일 로먼, 로즈

② 항경련, 자극, 호르몬 조절 : 클라리 세이지, 제라늄

③ 정화, 해독 효과 : 쥬니퍼 베리

(2) 적용방법

① 도포법 : 로즈 1방울, 카모마일 로먼 2방울, 사이프러스 2방울, 마조람 4방울과 15ml의 캐리어 오일을 혼합하여 밤에 등과 아랫배에 발라준다.

② 마사지법 : 라벤더 4방울, 카모마일 로먼 3방울, 마조람 2방울을 캐리어 오일 15ml와 혼합해 하복부, 등 부위에 마사지한다.

③ 목욕법 : 로스메리 6방울, 쥬니퍼 베리 4방울, 제라늄 2방울을 떨어뜨려 목욕을 한다.

④ 습포법 : 클라리 세이지 4방울, 마조람 4방울, 카모마일 로먼 3방울을 혼합하여 허리, 배, 등 하복부를 따뜻하게 습포한다.

3) 체액정체 현상으로 부기가 심할 때

임신 중 체중의 과도한 증가로 다리 임파 배수에 큰 부담을 주게 되면 다리 부종 등을 야기 하게 된다. 또한 출산 때 신장의 기능이 손상되었거나 다산이나 유산 등을 통한 신장의 기능이 약해졌을 경우 부종가 생기게 된다. 이는 신체내의 조직액의 순환에 문제가 발생했기 때문이다. 조직액은 모세혈관으로부터 영양분 등을 받아 조직 세포에 공급하고 조직세포의 대사 부산물인 노폐물 등을 다시 임파 조직으로 배수 시키는 역할을 한다. 그러나 임파 조직에서의 배수기능을 하지 못하면 체액이 조직에 축적되어 부종을 야기하게 된다. 이러한 체액의 교환과 배수의 효과는 호르몬치의 변화에 따라 바뀌므로 호르몬 밸런스를 맞춰주고 림프 순환을 촉진시키며 신장의 기능 부진에 있어 이뇨효과를 높이는데 주력해야 한다.

(1) 사용오일

펜넬, 쥬니퍼 베리, 레몬, 페퍼민트

(2) 적용방법

① 마사지법: 펜넬 3방울, 쥬니퍼 베리 8방울, 레몬 5방울, 페퍼민트 2방울에 캐리어 오일 30ml를 혼합해 마사지한다.

② 기타 : 캐롯시드 1방울, 제라늄 3방울, 스위트오렌지 2방울을 그레이프시드 오일 15ml에 혼합하여 전신마사지, 수욕, 족욕, 목욕 등에 사용한다.

4) 생리 주기가 늦어질 때

사람에 따라 심한 복통과 통증, 가스, 불규칙하고 적은 양의 생리, 또는 생리 기간이 길어지거나 늦어지는 등의 현상이 나타난다. 스트레스에 의한 호르몬 분비의 부족과 호르몬 불균형으로 발생할 수 있기 때문에 호르몬의 작용을 어지럽히는 과도한 스트레스를 받지 않도록 주의하고 영양을 골고루 섭취하는 것이 중요하다.

(1) 사용오일

클라리 세이지, 마조람, 페퍼민트, 로즈

(2) 적용방법

① 목욕법 : 클라리 세이지 6방울, 마조람 4방울, 페퍼민트 2방울을 떨어뜨려 좌욕한다.
② 습포법 : 클라리 세이지 2방울, 마조람 2방울, 페퍼민트 1방울을 사용해서 온습포한다.
③ 질 세척법 : 클라리 세이지 2방울, 로즈 1방울을 더운물에 떨어뜨려 사용한다.

5) 생리가 길어지고 출혈이 심할 때

생리를 조절하는 호르몬에 이상이 생겨 자궁 내 혈관이 늘어나고 자궁수축호르몬이 다량으로 분비돼 생리기간이 아닌데도 자궁내막이 떨어져 출혈을 하는 것이다. 자궁이나 난소에 질환이 생겨 출혈을 보이는 경우도 있다. 기능성 자궁출혈인지, 자궁에 병이 생겨 일어난 출혈인지를 확인하기 위해서는 부인과 진찰, 호르몬 검사, 임신 여부 검사, 초음파 검사 등을 받는다. 기능성 자궁 출혈인 경우는 호르몬 치료를 받아야 한다.

(1) 사용오일

사이프러스, 프랑킨센스, 로즈

(2) 적용방법

① 목욕법 : 사이프러스 5방울, 프랑킨센스 5방울, 로즈 3방울로 골반 부분을 목욕한다.
② 습포법 : 사이프러스 4방울, 로즈 1방울로 따뜻하게 습포한다.
③ 질 세척법 : 사이프러스 2방울, 프랑킨센스 1방울, 로즈 1방울을 더운물에 떨어뜨려 세척한다.

6) 오심이나 구토증이 날 때

임신성 구토는 대개 임신 초기에 오심, 식욕이 없어지거나, 토하거나, 음식의 좋고 싫음이 바뀌는 것이 대표적인 특징이다. 증상은 곧 사라지는 것이지만 증상이 매우 심하고 생리적인 범위를 초월하는 병적인 입덧을 임신성 구토(오심)라고 한다. 정확한 원인은 알려지지 않고 있지만 태반에서 나오는 호르몬의 영향으로 추측하고 있으며, 위장질환이나 자궁질환 혹은 신경질환, 신경과민 또는 내분비장애 등에 의해 나타날 수 있다.

(1) 사용오일

페퍼민트, 멜리사, 로즈

(2) 적용방법

페퍼민트나 멜리사 또는 로즈 2방울을 물 한 컵에 혼합하여 입속을 헹군다.

7) 생리불순

여성의 생리는 복잡하고 정교한 신체의 상호작용으로 일어난다. 뇌에 있는 시상하부, 뇌하수체, 난소의 기능이 정상적으로 이루어졌을 때 건강한 주기, 양, 빛깔로 생리가 이루어진다. 생리가 일어나는 단계 중 어느 하나라도 문제가 생기면 생리 주기가 파괴된다. 생리 불순에 영향을 미치는 원인은 스트레스, 과로, 비만, 갑작스런 체중변화, 갑상선과 부신 등의 호르몬 질환, 신장과 간장 질환 등 다양하다. 따라서 생리불순의 치료 시 몸 전체의 기능에 이상이 있는지 살펴야 한다.

(1) 사용오일

① 생리 양 조절 : 카모마일 로먼, 멜리사, 로즈
② 울혈 해소 : 페퍼민트, 클라리 세이지, 라벤더, 쥬니퍼 베리, 로즈마리

(2) 적용방법

① 도포법 : 로즈2방울, 클라리 세이지 2방울, 라벤더 2방울, 카모마일 로먼 3방울에 15ml의 캐리어 오일을 혼합해 등, 배에 발라준다.

② 마사지법 : 규칙적인 마사지 오일로는 로즈 3방울, 라벤더 4방울, 멜리사 2방울, 클라리 세이지 2방울, 카모마일 로먼 1방울에 캐리어 오일 20ml를 섞어 등, 다리, 복부에 마사지한다.

③ 목욕법 : 위의 시너지 오일 중 10~15방울을 욕조에 떨어뜨려 목욕한다.

8) 임신 중의 건강관리

임신을 하였을 때는 에센셜 오일을 고농도로 사용하면 곤란하다. 특히 임신 초기 3개월 동안은 내복하거나 많은 용량으로 마사지 또는 목욕을 해서는 안된다.

(1) 사용오일

① 임신 첫 달의 속 쓰림 제거 : 샌달우드, 만다린, 코리앤더, 카더멈

② 장기 활동 회복, 우울증 해소 : 버거못, 라벤더, 프랑킨센스, 페퍼민트, 로즈

③ 임신 중의 부종과 피로 회복 : 쥬니퍼 베리, 제라늄

④ 등과 어깨가 뻐근할 때 : 로즈마리, 라벤더

⑤ 튼 살 예방 : 프랑킨센스, 몰약, 만다린

(2) 적용방법

① 입덧이 심할 때 : 코리앤더 1방울, 카더멈 1방울, 벌꿀 1테이블스푼을 따뜻한 물 반 컵에 섞어 가글한다.

② 부종 : 제라늄 3방울, 사이프러스 2방울, 라벤더 4방울에 캐리어 오일 15ml를 혼합해 무릎, 다리, 손가락, 팔 등을 마사지한다.

③ 등과 어깨가 뻐근할 때 : 라벤더 5방울, 마조람 2방울, 로즈마리 2방울에 캐리어 오일 15ml를 혼합해 어깨, 등, 허리 등을 마사지한다. 단, 혈압이 높을 때는 로즈마리 사용을 삼간다.

9) 분만 촉진

출산시에 라벤더와 재스민을 혼합한 오일을 복부에 올려놓으면 통증을 완화 시킬 수 있다.

(1) 사용오일

라벤더, 재스민, 프랑킨센스

(2) 적용방법

재스민 1방울, 라벤더 3방울, 프랑킨센스 3방울을 각각 또는 독자적으로 캐리어 오일 15ml에 배합하여 하복부에 마사지한다.

10) 산후조리

향기 요법은 임신 기간 중 생기는 많은 신체적, 정신적 변화와 분만에 유용하듯, 산후조리 시 에도 효과적인 보조 수단으로 이용된다. 일반적으로 출산 후 6~8주간을 산욕기라 하는데 산욕기는 임신과 출산으로 인하여 야기된 산도의 상처가 치유되고 변화된 모체가 임신전의 상태로 되돌아가는 매우 중요한 시기이다.

(1) 사용오일

로즈, 라벤더, 네롤리, 클라리 세이지

(2) 적용방법

로즈, 라벤더, 네롤리, 클라리 세이지 등을 같은 비율로 혼합해 목욕법, 램프 확산법, 마사지법 등 각각의 용도에 맞게 사용한다. 단, 좌욕이나 뒷물은 금한다.

11) 신생아의 방

신생아의 방에 로즈, 재스민, 버거못의 향을 확산시키면 살균과 안정 효과도 얻을 수 있다.

(1) 사용오일

라벤더, 카모마일 로먼

(2) 적용방법

라벤더 2방울, 카모마일 로먼 1방울을 섞어 1~2방울을 램프에 떨어뜨려 발산하면 살균, 공기 청정, 저항력 강화 등의 효과를 얻을 수 있다.

12) 폐경기 장애

난소의 내분비기능이 떨어지면서 여성호르몬인 에스트로겐의 분비가 줄어들고, 뇌하수체, 갑상선, 부신, 췌장의 기능장애가 온다. 초기에는 월경이 불규칙해지고 양이 줄며 얼굴이 후끈거리거나 가슴이 두근거리고 땀이 많이 나고 불면증, 불안, 무기력증, 관절통을 느끼며 후기에는 골다공증, 순환기장애 등이 초래된다.

(1) 사용오일

① 기본적인 오일 : 레몬, 파인, 페티그레인, 샌달우드, 라벤더, 사이프러스, 클라리 세이지, 제라늄
② 호르몬 조절 : 로즈, 카모마일 로먼, 멜리사
③ 안면홍조 : 클라리 세이지, 샌달우드, 페퍼민트
④ 감정 고조 : 레몬, 버거못

(2) 적용방법

① 마사지법 : 로즈 1방울, 샌달우드 2방울, 페티그레인 3방울, 사이프러스 3방울에 15ml의 캐리어 오일을 혼합해 일주일에 1~2회 전신 마사지를 하거나 매일 어깨와 등 마사지를 한다. 우울증 증상에는 용도에 맞는 별도의 오일을 사용한다.
② 목욕법 : 클라리 세이지 6방울, 로즈 4방울, 페퍼민트 4방울로 목욕한다.
③ 흡입법 : 페퍼민트 1방울을 거즈에 떨어뜨려 흡입한다. 증세가 있을 때마다 사용하도록 한다.
④ 가글링법 : 페퍼민트 1방울 또는 레몬 1방울을 반 컵의 물에 타서 입속을 헹군다.
⑤ 기타 : 버거못 2방울, 사이프러스 2방울, 펜넬 2방울, 보리지오일 10방울을 선플라워오일 15ml에 혼합하여 정기적으로 전신마사지, 목욕, 향수로 사용한다.

13) 골반 통증

골반은 척추 뼈와 허벅지 뼈 위쪽 부분이 만나는 곳으로 골반 안에 들어있는 장기를 보호해 주는 뼈로서 임신, 출산에 중요한 역할을 한다. 원인은 갑자기 무거운 것을 든다거나 운전 중이나 일을 하다 갑자기 자세를 바꿀 때, 여자의 경우는 임신과 출산에 큰 관계가 있고, 심한 운동을 했을 때 골반 통증이 생긴다. 만성요통으로 고생하는 사람 중에 골반에 통증을 느끼는 사람이 많다.

(1) 사용오일

제라늄, 로즈마리, 사이프러스, 클라리 세이지

(2) 적용방법

제라늄 4방울, 로즈마리 2방울, 사이프러스 1방울, 클라리 세이지 3방울을 섞어 그 중 3방울을 떨어뜨려 15분 이상 좌욕하거나 10~15방울을 욕조에 타서 목욕한다.

14) 만성 골반염

만성 골반염은 단순히 난관이 주위 조직에 둘러싸이는 골반유착 형태일 수도 있고, 난관체 부위가 완전히 폐쇄 되는 경우도 있다. 만성 골반염의 주증상은 통증과 불임증이다.

(1) 사용오일

진저, 로즈, 버거못

(2) 적용방법

진저 5방울, 로즈 2방울, 버거못 8방울을 혼합해 그중 3방울을 따뜻한 물에 떨어뜨려 10분간 좌욕한다. 골반 염증이 빠르게 가라앉는 효과를 볼 수 있다.

15) 질 염

자궁내막의 윤활액이 보통 냄새가 없이 맑은 것이 정상이나 염증이 생긴 경우는 질 분비물의 냄새가 심하거나, 외음부의 가려움증이 심하거나, 색깔이 평소와 변하게 되는데 이러한 증상을 질염이라고 한다. 질염은 원인균에 따라 트리코모나스, 칸디다, 가드네레라 질염 등으로 나눌 수 있다. 질염은 항상 감염에 의하여 야기되는 것은 아니며, 꽉 쪼이는 의류나 통기가 안되는 옷을 착용한 경우, 경구용 피임제 복용, 폐경, 당뇨병에 의해서도 발생할 수 있다.

(1) 사용오일

티트리, 프랑킨센스, 라벤더, 쥬니퍼 베리, 유칼립투스, 샌달우드

(2) 적용방법

① 도포법 : 프랑킨센스 2방울, 라벤더 4방울을 15ml의 캐리어 오일에 혼합해 질 바깥 부위에 바르면 곰팡이 살균 효과가 있다. 또는 쥬니퍼 베리 2방울, 유칼립투스 2방울, 샌달우드 2방울과 15ml의 캐리어 오일을 혼합해 방광 겉 부위에 하루 2~3번씩 바른다.

② 목욕법 : 티트리 3바울, 프랑킨센스 1방울을 더운물에 풀어 10분 이상 뒷물을 하거나 쥬니퍼 베리 2방울, 유칼립투스 2방울, 샌달우드 2방울을 섞어 그중 3방울을 더운물에 떨어뜨려 한번에 10분 정도 좌욕을 한다.

③ 탐폰 사용 : 티트리 2방울을 탐폰 끝에 적셔 3~4시간 동안 질 속에 삽입해 두기도 한다. 이 방법은 꼭 알레르기 테스트 후 희석해서 사용한다.

(3) 일반적인 질염

티트리 3방울, 니아올리 1방울, 라벤더 1방울을 혼합해 그중 2방울을 탐폰에 묻혀 질 속에 넣거나 전신욕, 좌욕 등을 한다.

(4) 칸디다 감염증

스테로이드 제재, 항생제나 피임약을 장기 복용할 경우 감염되기 쉬운 병이다. "알비칸스(Albicans)"라는 이스트균의 감염으로 입, 목구멍, 소화 기관, 성기 등에 병변을 만든다. 회음부가 심하게 가렵거나 따갑다. 당뇨병 환자인 경우 혈당치가 높아 균에 쉽게 감염된다. 이 경우에는 카모마일 저먼 5방울, 라벤더 5방울, 티트리 5방울을 요구르트 100mg과 섞어 탐폰에 묻혀 질 속에 넣거나 그중 3방울을 생수와 섞어 좌욕을 실시한다.

(5) 트리코모나스 질염

티트리 3방울, 사이프러스 1방울, 라벤더 2방울, 타임 1방울을 섞어 그중 3방울로 좌욕하거나 캐리어 오일 15ml와 섞어 골반과 외음부에 마사지한다.

16) 여성 냉증

손발이 차거나 무릎이나 허리가 시리거나, 추위에 약하거나, 체온이 낮다는 등 모두가 냉증(冷症)의 전형적인 증상들이다. 냉증을 일으키고 있는 장애나 병의 대부분은 마음과 습관의 문제가 크게 영향을 미치는데 그 결과 영양부족, 빈혈, 저혈압, 자율신경실조증 등이 되어 냉증으로 되는 일이 있다.

생리, 임신, 출산 등으로 혈액을 잃어 여성은 빈혈이 되기 쉽고 이것이 냉증의 원인이 되기도 한다. 냉증과 함께 나타날 수 있는 증상은 피로감, 야뇨, 빈뇨, 타액 분비증가, 소양감, 입 마름, 발한, 관절통, 견통, 요통, 두통, 귀울림, 불면, 어지럼, 지각둔마(知覺鈍麻), 저림 등이 있다.

(1) 사용오일

쥬니퍼 베리, 로즈마리, 블랙페퍼, 레몬, 진저, 타임

(2) 적용방법

① 마사지법 : 클라리 세이지 3방울, 쥬니퍼 베리 2방울, 타임 2방울을 캐리어 오일 15ml에 섞어 하복부를 마사지한다.

② 목욕법 : 레몬 10방울, 블랙페퍼 5방울, 타임 5방울을 혼합해 욕조에 떨어뜨려 반신욕을 한다. 클라리 세이지 3방울, 쥬니퍼 베리 2방울, 타임 2방울을 더운물에 떨어뜨려 부분 목욕을 한다.

제 6 장

림프계

제 6 장 림프계(Lymphatic System)

1. 림프계(Lymphatic System)

1) 림프관 계통(Lymphatic vascular system)

인체 내 혈관계통 이 외에 말단의 조직과 기관으로부터 조직액을 받아서 정맥으로 수송하는 도관계통을 말하며 심혈관계와 더불어 체액의 흐름을 담당하는 순환경로이다. 따라서 체액을 정맥이 아닌 다른 맥관을 통해 심장으로 돌아오게 하는 체액순환 기능에 관여한다.

2) 림프계의 구성

림프계는 림프생성조직에서 혈관계로 재이동시키는 수송관련 조직으로서 림프액 및 림프관을 들 수 있으며 특이기능의 림프조직인 림프절 편도 비장 흉선으로 구성되어 있다.

(1) 림프(Lymph)

림프는 체중의 약 60%를 차지하는 혈장성분으로서 혈액의 성분이 모세혈관벽을 통하여 조직으로 나와 임파모세관에 들어와 형성된 무색의 투명한 액체이다. 림프의 성분은 적혈구 혈소판 알부민 글로불린 등으로 구성되며 1 일 약 1.5~ 3 L의 림프가 순환된다.

(2) 림프관(Lymph vessels)

림프를 운반하는 림프관은 모세림프관(Lymph capillaries), 림프관(Lymphatic vessel), 주림프관(Main lymphatic duct)으로 구성된다.

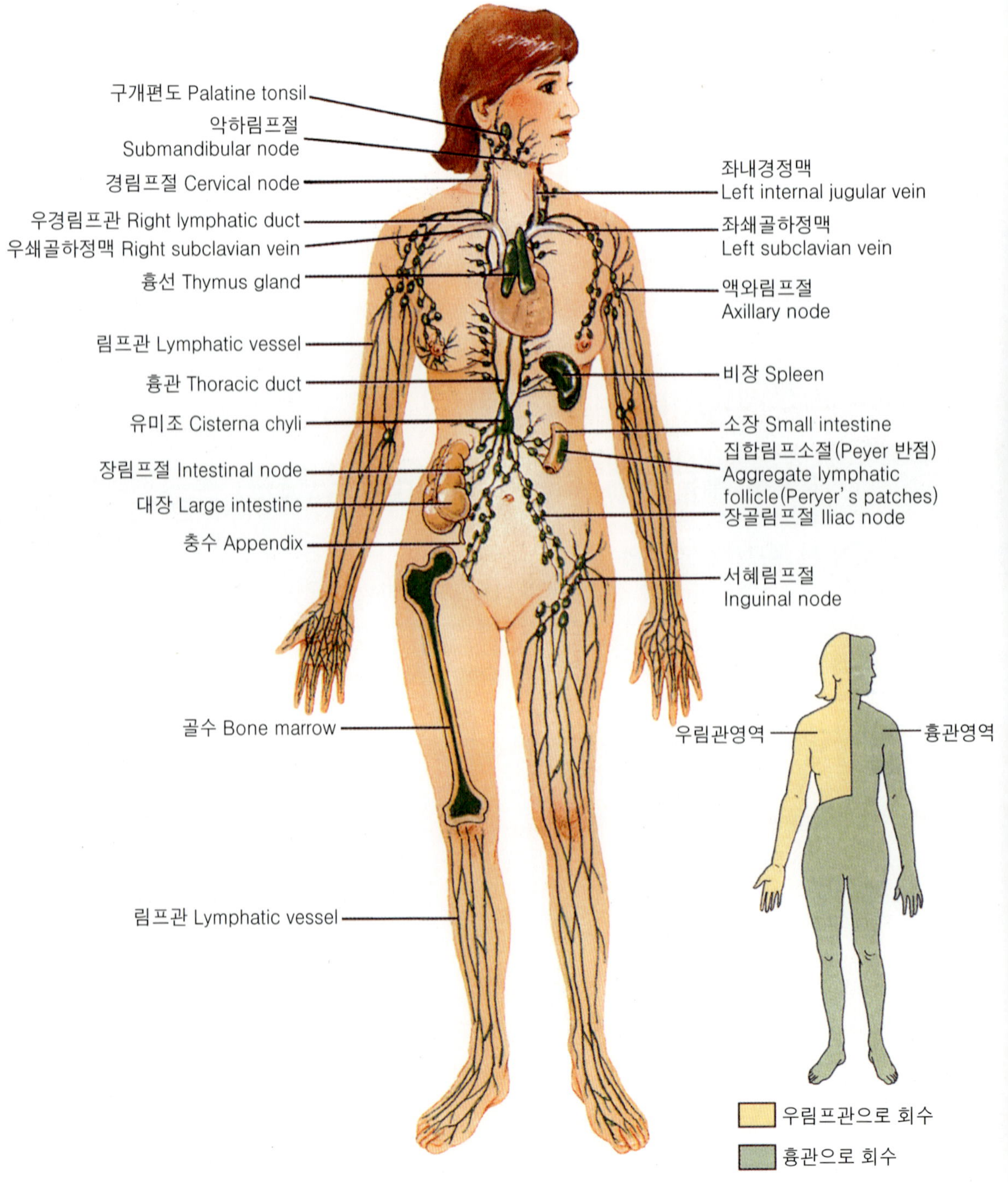

그림 6-1. 전신의 림프관 계통

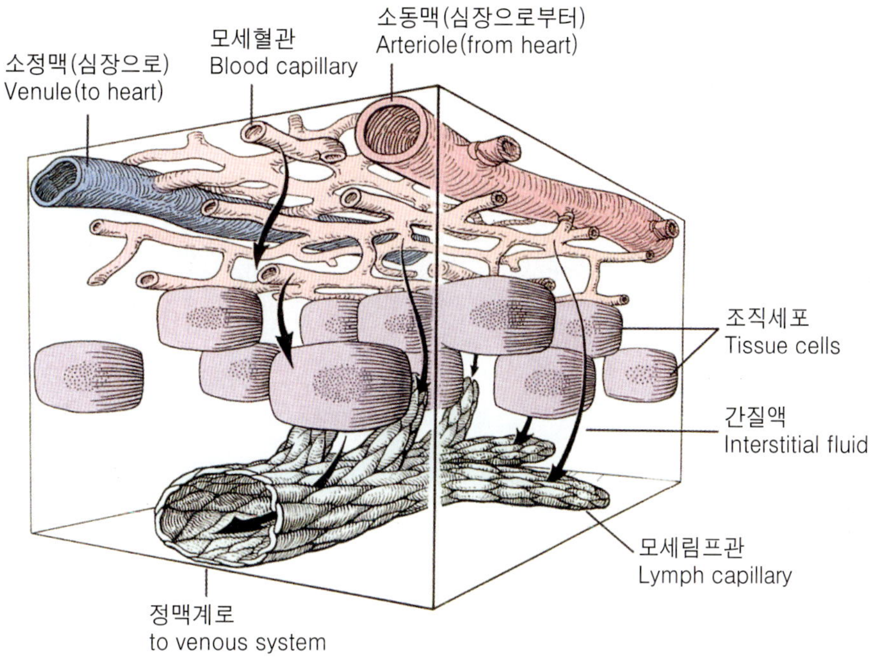

그림 6-2. 림프의 생성

모세림프관은 모세혈관과 비슷하나 그 보다 크며 중간에 팽대부가 있으며 한쪽 끝이 막혀있고 다른쪽 끝이 림프관과 연결되어 있다. 림프관은 모세림프관이 여러개가 문합하여 좀더 수송조직으로서 판막이 발달되어 있으며 이는 림프의 역류를 막아주는 작용을 한다.

주림프관은 신체의 상반신과 하반신에 생성된 모든 림프를 수송하는 큰 림프관으로서 전신에 분포한 집합 림프관의 림프가 모여 주림프관인 우임파본관(Right lymphatic duct)과 흉관(Thoracic duct)으로 흘러든다.

인체의 모든 림프는 좌측관의 흉관과 우측관의 우임파본관인 두 경로를 통해 혈관계로 유입되는데 우임파본관은 우측의 두부, 우측 횡경막 상부, 우측 상지의 집합림프관에서 수송된 림프가 우완두정맥으로 유입되는 곳이다. 흉관은 신체의 좌측 상반신과 양측 상반신에서 생성된 림프를 수송하는 가장 큰 림프관으로서 제2요추의 복강의 유미조(Cisterna chyli)에서 시작하여 상행하고 좌측의 두부, 좌측 횡경막 상부, 복부, 좌측 상지, 하지의 림프가 수송 유입된다.

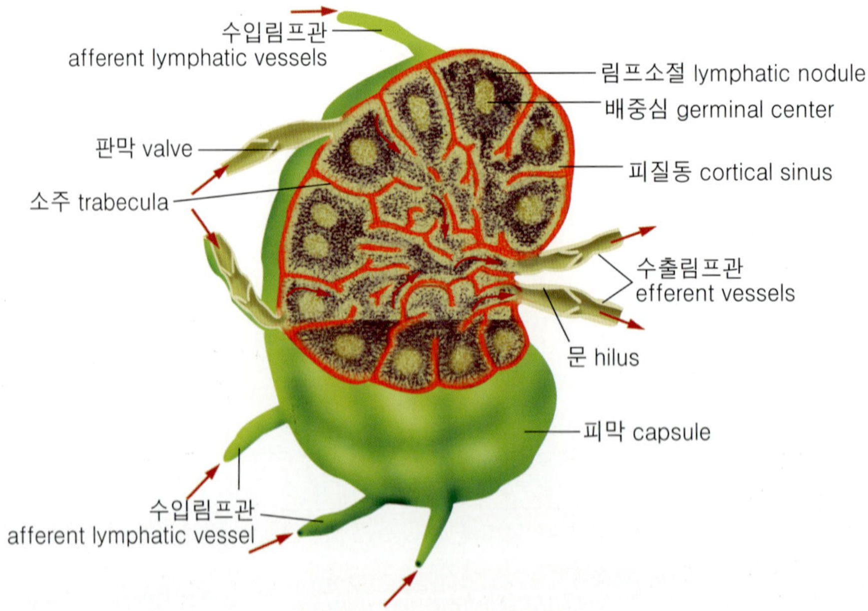

그림 6-3. 림프절의 구조

(3) 림프절(Lymph node)

림프절은 림프관 통로의 사이에 존재하는 직경 대략 3~25mm로 된 고리모양의 림프조직이다. 주로 겨드랑이, 서혜부, 경부, 복대와 흉대의 동맥 등 주림프관의 경로에 무리지어 분포하고 집합림프관에 있는 체액을 걸러주는 역할을 하며, 림프구 저장, 혈중 미생물이나 이물질의 탐식, 여과작용을 한다. 신체의 특정부위에 감염, 수술, 외상 등이 발생될 경우 림프절 부위가 부어오르는 특성을 지닌다.

3) 림프계의 기능

① 조직액을 정맥으로 운반하여 혈액을 혈류로 재유입해준다.
② 림프구 세포가 항체를 형성하여 면역을 담당한다.
③ 혈장 내 단백질과 체액을 유지시켜준다.
④ 조직액속의 노폐물을 걸러주고 림프의 식균작용을 한다.

4) 독립기관

(1) 편도(Tonsil)

편도는 입과 코를 통해 들어오는 세균, 바이러스, 먼지 등의 이물질에 대항하여 항체생산에 관여하는 림프기관이다. 편도는 크게 구개편도(Palatine tonsil), 설편도(Lingual tonsil), 인두편도(Pharyngeal tonsil)로 구분한다.

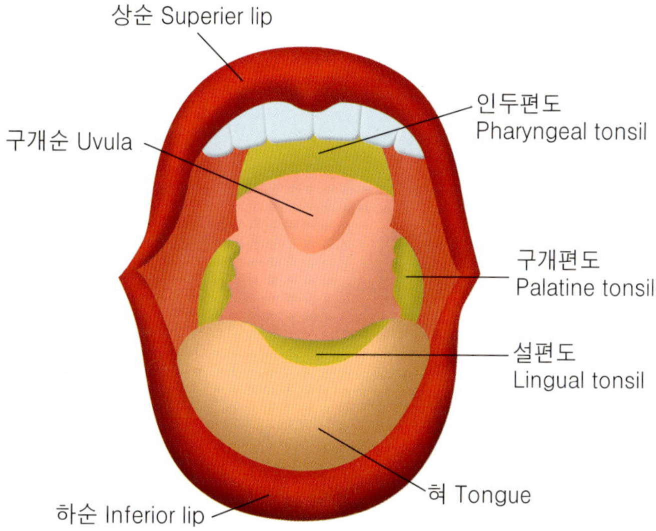

그림 6-4. 편도의 위치

(2) 비장(Spleen)

비장의 구조는 무게 170g, 길이 12cm, 폭 5cm, 두께 3cm의 타원형 모양이며 위치는 횡경막 아래의 위뒤쪽, 횡경막하의 복강 왼쪽 제8~11늑골후에 위치한다. 350ml 정도의 혈액 저장고로서 응급상황에서 적혈구 백혈구 혈소판의 혈액을 공급하는 조혈작용에 관여한다. 또한 혈액을 통해 들어오는 이물질에 대한 방어와 혈액을 여과하여 수명이 다한 노쇄된 혈액세포 즉 손상된 적혈구와 혈액내 세포부스러기 등의 입자성 이물질을 제거하는 역할을 한다.

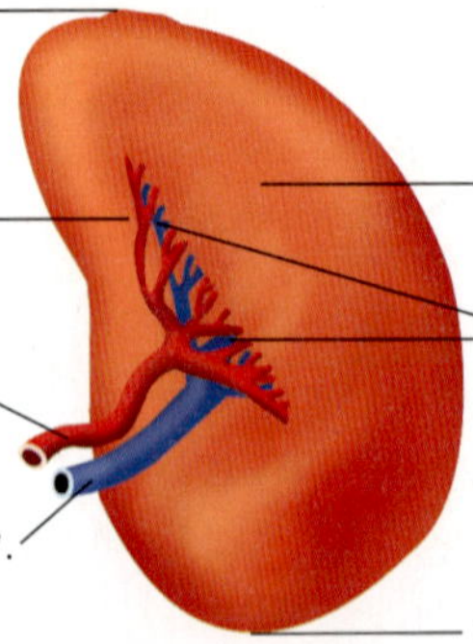

그림 6-5. 비 장

(3) 흉선(가슴샘 : Thymus)

흉선은 2개의 쌍엽으로 구성되며 지방과 섬유 결합조직으로 된 피막에 쌓여있다. 흉골의 상부 뒤쪽에 위치하며 티모신(Tymosin)이라는 단백질 호르몬을 분비하여 T임파구의 성장을 돕고, 임파구의 저장과 생성기능을 한다. 흉선의 발달은 유아 아동기에 크며 사춘기 이후에는 줄어들고 성인기에는 아주 작아진다.

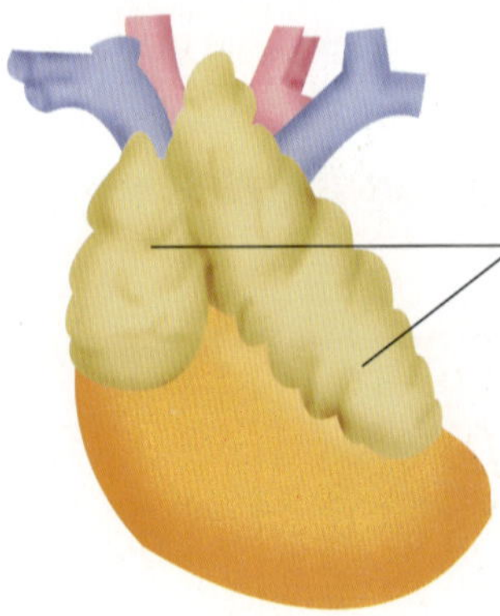

그림 6-6. 흉 선

5) 림프계의 질병과 장애

(1) 림프관염(Lymphangitis)

림프관의 염증으로 감염부위가 사지를 따라 퍼지는 경우 유발되는 염증질환이다. 이는 병원균이 혈관을 타고 가므로 림프절에서 병원균을 여과하지 못하면 패혈증상태가 되는 신호가 된다.

(2) 림프선염(Lymph adenitis)

림프절의 염증으로 팽창된 염증상태를 뜻한다. 경림프선염의 경우 홍역과 같은 질병에서도 나타나며 만성림프선염은 결핵으로 생긴다.

(3) 림프종양(Lympoid tumor)

림프종양은 림프육종으로서 악성종양을 뜻한다.

(4) 호지킨병(Hodgikin's disease)

호지킨병은 만성악성종양으로서 림프절의 비대, 비장의 비대, 빈혈 등의 증상이 나타난다. 발병원인은 정확히 밝혀진 바 없는 것으로 알려져 있다.

2. 림프드레나쥐(Lymphatic drainage)

1) 림프드레나쥐의 개념

림프드레나쥐는 덴마크의 Dr. Emil Vodder(1896~1986)와 Estrid에 의해 창안되었다. 1936년 림프드레나쥐를 이용한 여드름 피부개선에 대한 임상 발표로 인하여 기법의 연구와 그 효과의 중요성이 부각되었고 엠엘디(MLD : Manual lymphatic drainage)에 관련한 학회단체의 학문적 임상연구로 에스테틱분야에 널리 소개되어 알려져 있다.

림프드레나쥐의 개념은 수술이나 의약품을 사용하지 않고 인체의 질병치유를 도우며, 피부의 건강유지 및 증진을 위해 이용되는 수기적 피부관리요법 중 하나이다. 따라서 피부의 기능을 정상화하고 인체 항상성유지 및 면역력을 강화시켜줄 수 있는 보완요법의 테라피분야로 볼 수 있으며 피부에서 이루어지는 림프드레나쥐가 모세림프의 원활한 순환을 유도할 수 있어 에스테틱 분야에서의 피부 개선과 부종완화 등 유효한 관리목적에 널리 이용되고 있다.

2) 용어의 정의

림프드레나쥐는 모세림프의 순환을 원활히 해줄 수 있는 수기동작의 수행과정으로 순환계의 정맥계로 재순환을 돕는 순환촉진의 관리방법을 말한다. 림프드레나쥐 용어는 Dr. Emil Vodder에 의해 처음 사용되었고 우리나라에서는 림프배농, 림프마사지, 림프배액으로 통용된다.

3) 두부의 부위적 명칭

두부는 부위에 따라 측두부에 템포랄리스(Temporaris), 후두부하에 옥시푸트(Occiput)가 있고, 안면에 파로티스(Parotis), 프로푼두스(Profundus), 앙글루스(Angulus)가 있으며 쇄골상부 전면에 터미누스(Terminus)가 있다.

① 템포랄리스(Temporaris)
② 파로티스(Parotis)
③ 앙글루스(Angulus)
④ 프로푼두스(Profundus)
⑤ 터미누스(Terminus)
⑥ 옥시푸트(Occiput)

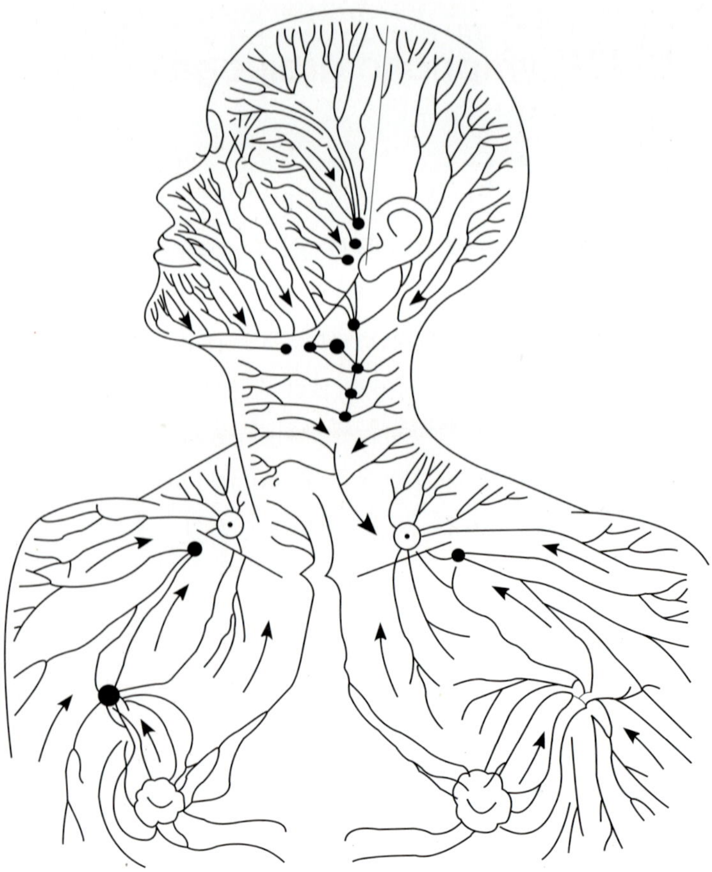

그림 6-7. 두부 및 상흉부의 림프유주

3. 림프드레나쥐의 수기적 관리 (Manual lymphatic drainage)

1) 기법의 종류

수기적 관리를 이용한 림프드레나쥐의 기법은 크게 정지상태의 원동작(Stationary circle), 펌프동작(Pump technique), 퍼올리기(Scoope technique), 회전동작(Rotary technique)으로 구분한다. 또한 림프드레나쥐의 시행요령은 기본동작시에 시작, 마무리, 연결동작단계에서 경찰법(Effleurage)의 수기동작을 병행해준다.

① 정지상태의 원동작(Stationary circle technique)

② 펌프동작(Pump technique)

③ 퍼올리기(Scoope technique)

④ 회전동작(Rotary technique)

2) 림프드레나쥐의 효능

림프드레나쥐를 적용하였을때 인체에 나타나는 효능은 정체된 림프 정상적인 림프흐름의 체제를 유도하고 신체의 면역체계의 원활한 형성을 통하여 질병퇴치의 면역기능을 강화시켜준다.

① 노폐물 독소물질의 축적을 없애주고 혈액의 정화를 돕는다.

② 세균 바이러스 등의 병원균에 대한 방어 작용을 해준다.

③ 식균작용과 T 임파구의 형성 감염방지 등으로 면역작용에 관여한다.

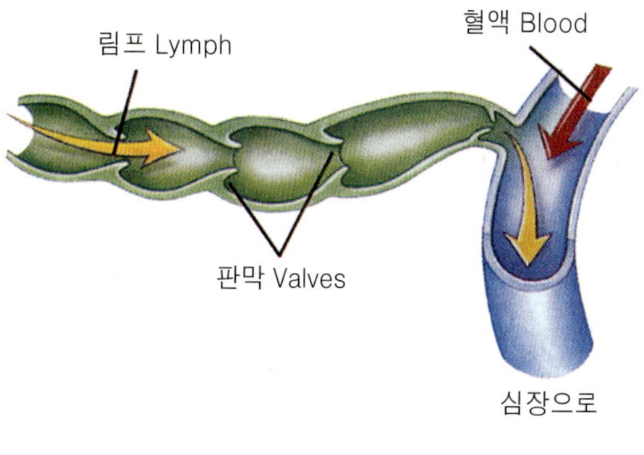

그림 6-8. 림프의 정맥계로의 회수

④ 자율신경계의 균형을 강화시켜 안정효과를 준다.
⑤ 체액의 재흡수를 촉진하고 모세림프관 내 임파 배액의 정상화하여 임파관련 염증을 완화시켜준다.
⑥ 반사작용으로 히스타민 세로토닌 프로스타글라딘 등의 물질의 제거하여 근육통증을 완화시켜준다.

3) 대 상

(1) 적응증

① 두통 치통 견비통 류마치스 등의 통증
② 눈주머니(Eye-bag)
③ 수술이나 찰과상의 사고로 인한 부종
④ 셀룰라이트
⑤ 모세혈관확장(Couperose), 홍반(Erythma), 주사(Rosacea) 등의 발적부위
⑥ 염증성 여드름(구진 : Papule, 농포 : Pustule, 결절 : Nodule, 낭종 : Cyst)
⑦ 진행성의 흉터(Keloid)
⑧ 튼살
⑨ 화상의 부종부위
⑩ 하지의 정체성 부종부위
⑪ 부종예방
⑫ 정맥기능의 부전

(2) 부적응증

① 악성종양
② 결핵
③ 각종의 열성질환
④ 감염에 의한 급성염증
⑤ 심부종
⑥ 월경기의 복부관리
⑦ 임신부
⑧ 저혈압
⑨ 호흡곤란
⑩ 천식

⑪ 만성질환의 약물복용
⑫ 후두염, 만성 인후염
⑬ 편도선염
⑭ 월경기의 복부
⑮ 혈전증
⑯ 저혈압

4) 환경조건

① 소음이 없는 실내 환경을 조성해 준다.
② 직접적인 조명을 피해주고 간접조명의 위치에서 시행해 준다.

5) 림프드레나쥐의 적용법

(1) 두경부 림프드레나쥐

두부관리는 수기적 배액테크닉을 이용하여 안면에 발생되는 부종, 반복적으로 발생하는 화농성의 여드름, 잦은 뾰루지, 염증으로 인한 통증 등을 효과적으로 완화시켜 줄 수 있는 관리요법이다. 림프드레나쥐의 시행원칙은 오일이나 크림을 도포하지 않고 시행한다.

① 시작단계

· 시술자의 손에 압을 주지 않은 상태에서 가슴 상부, 얼굴부위에 쓰다듬기 동작을 시행해 준다.
· 다음 동작으로 쇄골하 부위, 액와방향, 목부위에 원동작의 펌핑동작을 연결하여 동작해 준다.

② 경부 관리단계

· Terminus 부위에 원동작의 펌핑동작을 5회씩 3회 반복하여 시행해 준다.
· 귀밑 경부림프절 부위의 Profundus에서 쇄골하의 Terminus 방향으로 펌핑동작을 5회씩 3회 동작해 준다.
· 쇄골 하연 대흉근부위의 가슴상부에서 Terminus로 5회씩 3회 동작해 준다.
· 목 뒤 후두부 림프절 부위의 Occiput에서 Terminus로 5회씩 3회 동작해 준다.
· 아래턱에서 악하림프절 부위의 Angulus로 펌핑동작 후 Terminus로 5회씩 3회 반복해서 동작해 준다.

· 귀앞과 뒤부위에 검지와 중지를 이용하여 아래로 동작해준 후 이 하임파절 부위의 Parotis에서 Terminus로 5회씩 3회 동작해 준다.
· 전면의 어깨 삼각근부위에 손바닥을 접촉시켜 Terminus 방향으로 펌핑동작을 5회씩 3회 반복 시행해 준다.
· 등 뒤의 상부 승모근에 손바닥을 접촉시킨 후 척추 중심방향으로 펌핑해 주며, 연결하여 전면의 Terminus 방향으로 5회씩 3회 동작해 준다.

③ 얼굴관리 단계

· 아래턱 중심에서 바깥부위 Angulus 방향으로 동작해 주고, 윗턱 부위에도 같은 방법으로 시행해준다. 다음단계로 Profundus로 모아서 Terminus 방향으로 펌핑동작을 5회씩 3회 동작해 준다.
· 입술 주변을 시행한 후 콧망울과 콧등부위를 등분하여 펌핑동작을 5회씩 3회 동작해 준다.
· 엄지의 측면부위를 이용해 눈 아래부위에서 얼굴바깥방향으로 가볍게 쓸어 주고, Parotis 방향으로 5회씩 3회 동작해 준다.
· 눈두덩이 피부 위에 손끝을 가볍게 접촉하여 측면 Parotis 방향으로 5회씩 3회 반복하여 동작해 준다.
· 이마부위에 손가락을 접촉시킨 후 관자놀이 방향의 Tamporalis로 5회씩 3회 반복하여 동작해 준다.
· 두피에 양 손바닥을 가볍게 접촉한 후 측두부로 펌핑동작을 5회씩 3회 반복하여 동작한다.
· 측두부의 Tamporaris에서 Parotis, Angulus, Profuns, Terminus 순으로 연결하여 5회씩 3회 반복하여 동작해 준다.

④ 마무리 단계

· 맨 처음 순서와 같이 쓰다듬기 동작을 전체적으로 시행해 준다.
· 시술자는 흐르는 물에 손을 씻어 가볍게 정돈한다
· 피술자에게 미지근한 물을 마시게 한다.

참고문헌

Reference

림프드레나쥐 & 아로마, 김광옥외, 성화, 2004
아로마치료, 권경옥, 지구문화사, 2002
아로마테라피 솔루션, 안홍석외, 정담, 2006
아로마테라피－피부미용살롱비지니스를 위한 가이드, 장윤정, 에스테틱월드, 2002
에스테틱 실기지침서, 황금순 외 1인, 수문사, 2002
인체해부학, 한국해부생리학 교수협의회, 현문사, 2002
인체해부학, 정영태 · 정경아, 청구문화사, 2004
임상아로마테라피, 하혜정, 김희숙, 강희선, 현문사, 2003
피부미용인을 위한 아로마테라피, 오홍근외, 훈민사, 2002
Manual Lymphatic Drainage, 김성중, 김기연, 김봉인, 김선미, 김주연, 송선영, 송인영, 심정묘, 장경자, 원윤경, 홍란희, 탑메디오피아, 2005
PRIMAVERA AROMA, CMAMEDCOS, 2007
http://msaroma.co.kr/
http://www.herbmall.co.kr/
http://duser.doctorkorea.com/

찾아보기 INDEX

INDEX
찾아보기

아로마테라피

2008년 3월 10일 초판인쇄
2008년 3월 20일 초판발행
2014년 3월 20일 개정판 발행

지은이 : 김문주 · 김윤정 · 전해정 · 최성임 · 황금순
펴낸이 : 이상태
펴낸곳 : 청구문화사
주 소 : (120-831)서울특별시 서대문구 성산로 11길 15
전 화 : 02-332-0541(代) FAX : 02-337-9577
등 록 : 1990년 11월 2일 제9-247호

가격 20,000원

ISBN 978-89-5616-604-9 93590

93590
9 788956 166049
ISBN 978-89-5616-604-9